Sitzungsberichte
der Akademie der Wissenschaften
der DDR
Mathematik – Naturwissenschaften – Technik

1N
1979

Christian Weißmantel

Anwendungen der Wechselwirkung zwischen Ionen und Festkörpern

AKADEMIE-VERLAG · BERLIN

Sitzungsberichte
der Akademie der Wissenschaften
der DDR
Mathematik — Naturwissenschaften — Technik

Jahrgang 1979 · Nr. 1/N

Christian Weißmantel

Anwendungen der Wechselwirkung zwischen Ionen und Festkörpern

AKADEMIE-VERLAG · BERLIN
1979

Vortrag von Christian Weißmantel, Ordentliches Mitglied
der Akademie der Wissenschaften der DDR,
vor den Klassen Physik und Werkstoffe der AdW der DDR
am 16. Februar 1978

Herausgegeben im Auftrage
des Präsidenten der Akademie
der Wissenschaften der DDR
von Vizepräsident Prof. Dr. Heinrich Scheel

Erschienen im Akademie-Verlag, 108 Berlin, Leipziger Straße 3—4

Lizenznummer: 202 · 100/178/79
Gesamtherstellung: VEB Druckhaus Köthen
Bestellnummer: 762 726 5 (2010/79/1/N) · LSV 1185
Printed in GDR
DDR 4,50 M

1. Einführende Übersicht

Die Wechselwirkung zwischen relativ energiereichen Ionen mit Festkörpern, die beim Bombardement fester Proben mit Ionenstrahlen oder im Plasma einer Gasentladung auftritt, hat in den letzten Jahren in der Grundlagenforschung sowie in Anwendungen eine ständig wachsende Bedeutung erlangt. Zwar ist es schon seit mehr als 100 Jahren bekannt, daß Elektroden in einer Gasentladung durch Ionenbeschuß abgetragen werden, wobei sich das zerstäubte Material in Form dünner Schichten an den Gefäßwänden niederschlägt, und auch erste Anwendungen dieser Effekte zur Reinigung von Oberflächen und zur Herstellung dünner Schichten liegen bereits Jahrzehnte zurück [1, 2]. Erst in den letzten Jahren konnten jedoch die komplexen Elementarprozesse beim Ionenbombardement von Festkörpern zunehmend aufgeklärt werden, und daraus ergaben sich wichtige Impulse für eine gezielte Nutzung dieser Erscheinungen.

Die Effekte, die beim Ionenbombardement ausgelöst werden, gehen letztlich auf die Übertragung von Energie, Impuls und Ladung zurück. Man sollte in diesem Zusammenhang darauf hinweisen, daß gleichartige Wirkungen erzielt werden, wenn man feste Stoffe nicht mit Ionen, sondern mit schnellen Neutralatomen beschießt. Da es jedoch wesentlich einfacher ist, Ionen als elektrisch geladene Teilchen zu beschleunigen und in Form von Strahlen zu führen, werden sowohl in der Forschung als auch für Anwendungen gewöhnlich positive Ionen eingesetzt.

Abbildung 1 vermittelt einen Überblick über die wichtigsten Erscheinungen, die bei der Wechselwirkung zwischen Ionen und Festkörpern auftreten. Wegen der begrenzten Eindringtiefe der Teilchen beschränkt sich die Wechselwirkung normalerweise auf eine Oberflächenschicht, deren Dicke stark von der Natur des Festkörpers und besonders von der Art und Energie der Ionen abhängt. Das Auftreffen relativ energiereicher Ionen, etwa im Bereich zwischen 10^2 und 10^5 eV, stellt einen ziemlich gewaltsamen Eingriff in das atomare Gefüge der beschossenen Probe, des *Targets,* dar. Es ist deshalb nicht überraschend, daß zahlreiche primäre und sekundäre Effekte ausgelöst werden [3, 4, 5].

Als Primärschritte sind binäre Stöße zwischen den auftreffenden Ionen und oberflächennahen Atomen anzusehen. Als Folge davon werden die Ionen entweder zurückgestreut, wobei sie meist durch Ladungsaustausch neutralisiert werden, oder sie dringen in das Atomgitter des Targets ein. Im letzten Fall werden sie in einer

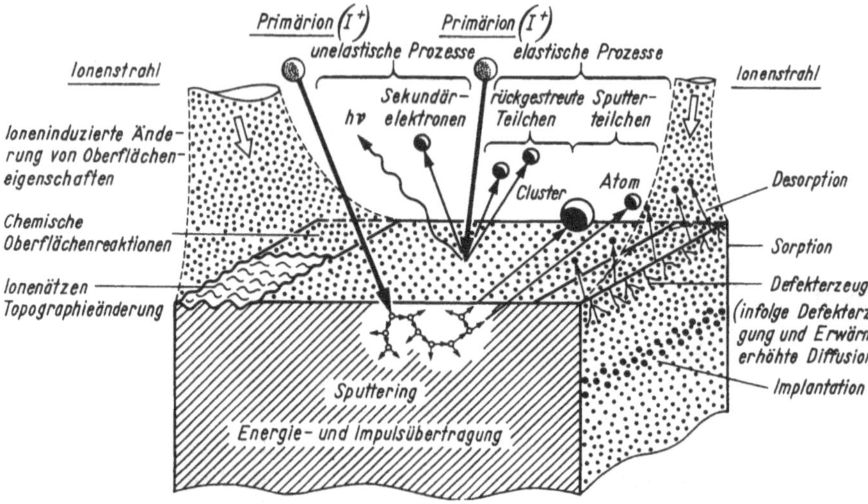

Abb. 1 Schematische Darstellung der wichtigsten Elementarprozesse bei der Wechselwirkung von Ionen mit Festkörpern

Sequenz aufeinanderfolgender binärer Stöße mit Atomen des Targets abgebremst. Schließlich kommen sie als implantierte Fremdatome in der Randschicht des Targets zur Ruhe, wobei sie als *Substitutionsstörstellen* normale Gitterplätze besetzen können oder auf *Zwischengitterplätzen* eingelagert werden. Längs des Weges eines Individualions baut sich eine Stoßkaskade auf, da die angestoßenen Gitterbausteine im allgemeinen genügend Energie erlangen, um ihrerseits einen mehr oder weniger langen Weg im Kristall zurückzulegen und dabei in sekundären Stößen Gitterstörungen zu erzeugen.

Einige der in primären oder sekundären Ereignissen angestoßenen Atome haben eine Chance, die Targetoberfläche zu erreichen und die Potentialschwelle an der Oberfläche zu überwinden, so daß sie als abgestäubte oder „*gesputterte*" Atome ausgestoßen werden. Es gibt heute genügend experimentelle Hinweise dafür, daß auch ganze Atomgruppen oder „*Cluster*" sowie Molekülfragmente abgestäubt werden können, wobei die Häufigkeit mit wachsender Atomzahl abnimmt. Ferner ist darauf hinzuweisen, daß die gesputterten Teilchen meist überwiegend als Neutrale mit einem relativ breiten Energiespektrum, daneben aber auch als Ionen ausgestoßen werden. Der Anteil der Ionen kann je nach der chemischen Beschaffenheit des Targets, speziell auch unter dem Einfluß einer adsorbierten Oberflächenschicht um Größenordnungen variieren, was sich bei der Anwendung des Sputtereffekts in der Analytik unangenehm auswirkt. Als Regel ist festzustellen, daß der Ionenanteil ansteigt, wenn das Target als Salz mit sozusagen „vorgefertigten" polaren Bindungen vorliegt, oder wenn eine chemisorbierte Schicht mit Dipolcharakter vorhanden ist.

Obgleich die abgestäubten Atome mit einer mittleren Energie von einigen 10 eV wesentlich energiereicher sind als thermisch verdampfte Teilchen, muß betont werden, daß etwa 95% der von den einfallenden Projektilen mitgeführten Energie für die Bildung von Gitterdefekten im Target und für die Anregung von Gitterschwingungen verbraucht werden. Nur ungefähr 5% der kinetischen Energie der Ionen werden von den abgestäubten Teilchen weggetragen. Vom energetischen Standpunkt ist die Zerstäubung demnach nicht sehr effektiv. Trotzdem bietet das Abtragen von Oberflächenatomen fester Stoffe durch Zerstäubung mit Ionen und die Herstellung dünner Schichten durch Kondensation der gesputterten Teilchen große Vorzüge in der Oberflächen- und Dünnschichttechnologie, da die Abtragung statistisch ungeordnet, ohne Rücksicht auf die chemische Natur der Targetatome vor sich geht, und weil die relativ hohe kinetische Energie der abgestäubten Teilchen sich häufig günstig auf die Eigenschaften der wachsenden Schichten auswirkt.

Die Wechselwirkung zwischen den primären Ionen oder den sekundär angestoßenen Atomen mit den Elektronenhüllen im Target ist für eine Reihe inelastischer Prozesse verantwortlich, die zu einer Emission von Photonen oder Elektronen aus der beschossenen Oberfläche Anlaß geben können. Diese sekundären Effekte benutzt man in verschiedenen Methoden der Oberflächendiagnostik und -analytik.

Längs des Weges bis zur Abbremsung erzeugen die Primärionen im Kristall eine gestörte Zone, die etwa dem Ausmaß der Stoßkaskade entspricht. Im Durchschnitt kann man damit rechnen, daß etwa je 30 eV kinetischer Energie des Primärions ein Frenkel-Paar, bestehend aus einem Zwischengitterteilchen und einer Lücke, gebildet wird. Das sind schon bei einem Argonion von 10 keV immerhin rund $3 \cdot 10^2$ Paare von Punktdefekten.

Im Verlauf des Ionenbombardements werden vielfach flüchtige ad- oder absorbierte Verunreinigungen, wie angelagerte oder gelöste Gase, bevorzugt desorbiert, was man zur Reinigung und Entgasung von Materialien in der Vakuumtechnologie verwendet.

Wenn die Primärionen selbst aus leichten Inertgas- oder Wasserstoffionen bestehen, akkumulieren sich nach ihrer Abbremsung Atome dieser Elemente in der Oberflächenzone des Targets. Diese Teilchen können sich als Gas zusammenlagern und Anlaß zum Aufplatzen blasenartiger Gebilde an der Oberfläche geben. Dieser Effekt, der bei Wandreaktionen von Plasmaanlagen, besonders bei Versuchsanlagen zur Kernfusion, berücksichtigt werden muß, wird als *Blistering* bezeichnet (Abb. 2).

Die Erzeugung zahlreicher *Punktdefekte* im bombardierten Festkörper, aber auch die Elektronenanregung und die lokale thermische Aufheizung, kann schließlich Phasenumwandlungen im beschossenen Festkörper auslösen sowie chemische Reaktionen in der oberflächennahen Schicht des Festkörpers aktivieren. Von praktischem Interesse sind die Verbindungsbildung zwischen den Targetatomen und den Ionen aktiver Elemente, die Amorphisierung einkristalliner Proben in der Randschicht sowie die Aktivierung verschiedenartiger Phasenübergänge bzw. sekundärer Festkörperreaktionen.

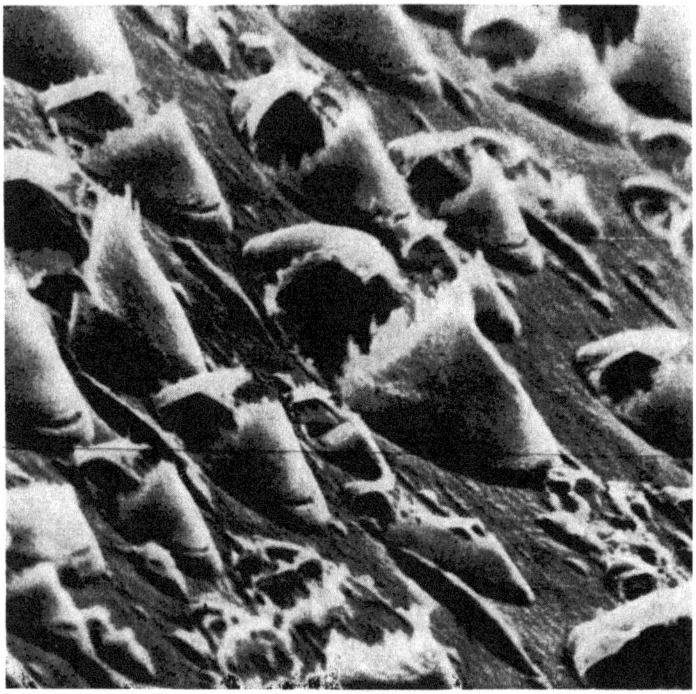

Abb. 2 Aufgeplatzte Edelgasblasen an einer ionenbestrahlten Kupferoberfläche (nach HAUFFE)

Die detaillierte Erforschung der Elementarprozesse der Wechselwirkung zwischen Ionen und Festkörpern ergab zahlreiche Hinweise für *anisotrope Gittereffekte,* die im Fall einkristalliner Targets beobachtet werden. So tritt beispielsweise eine bevorzugte Abstäubung in bestimmte Kristallrichtungen auf, die durch fokussierte Stöße entlang dicht gepackter Reihen von Gitteratomen gedeutet wird [6, 7]. Der Name *„Focusons“* wird für solche gerichtete Stoßfolgen benutzt. Umgekehrt hängt auch die Penetration eines Ions in das Kristallgitter stark von der Kristallrichtung ab. Die hier aufgelisteten Effekte der Wechselwirkung von Ionen mit Festkörpern bilden die Grundlage für eine Reihe zunehmend wichtiger Anwendungen. Tab. 1 gibt eine Übersicht über die wichtigsten Anwendungsgebiete in der Festkörperanalytik der Halbleiter- und Werkstofftechnik und der Dünnschichtherstellung.

Es kann eingeschätzt werden, daß wir bei all diesen Anwendungsgebieten eine fast stürmische Entwicklung erwarten dürfen. Wichtige Voraussetzungen hierfür bilden die detaillierte Erforschung der festkörperphysikalischen Grundlagen sowie die Entwicklung geeigneter Ionenquellen und Strahlapparaturen.

Tabelle 1
Wichtige Anwendungsgebiete der Wechselwirkung Ionen/Festkörper

Gebiet	Varianten
Analytik von Oberflächen und dünnen Schichten	Ionenrückstreuung, SIMS, Profilabtragen
Ionenimplantation	Dotierung, Erzeugung von Verbindungsschichten
Ionenätzen und -bearbeiten	Reinigung, Dünnen von Substraten, Trockenprozeß-Technologie, „Ion Milling“
Ionenzerstäubung	Plasmazerstäubung (DC oder RF), Ionenstrahlzerstäubung, Plasmatronsputtern
Synthese von Schichten	Ionenkondensation Zweistrahlverfahren

2. Theoretische Grundlagen

Das Bombardement fester Stoffe mit energiereichen Ionen stellt einen drastischen Eingriff in die atomare Ordnung des Festkörpers dar. Wehner [8], einer der Pioniere der Erforschung und Anwendung der Ionenzerstäubung, sprach in diesem Zusammenhang von einem „komplizierten, dreidimensionalen Billardspiel“. Glücklicherweise lassen sich die Stöße der Primärionen sowie der sekundär ausgelösten Targetatome mit den Gitterbausteinen in guter Näherung als binäre Stöße zwischen isolierten Teilchen behandeln (Abb. 3). Wie theoretische Abschätzungen ergaben, braucht man nur bei Teilchenenergien in der Größenordnung von 10 eV oder darunter auf kollektive Phänomene Rücksicht zu nehmen [9, 10].

Selbst bei der Beschränkung auf Zweierstöße erweist sich die theoretische Behandlung des Eindringens von Ionen in Festkörper und der dadurch ausgelösten Bildung von Defekten sowie der Zerstäubung von Material als sehr kompliziert. Je nach der Energie des stoßenden Teilchens muß man 3 Regionen berücksichtigen:

- *Kernstöße* infolge des Abstoßungspotentials, die entsprechend der Rutherford-Streuung behandelt werden können (bei Energien oberhalb 10^3 eV);
- abgeschirmte *Kernstöße,* bei denen der Einfluß der Elektronenhülle entsprechend den vor allem von Lindhardt entwickelten Überlegungen durch geeignete Potentialansätze berücksichtigt werden muß (vorherrschend im Energiebereich von 10^2 bis 10^3 eV);
- Stöße in der Näherung des Modells „harter Atomkugeln“, die das Verhalten bei kleinen Energien unterhalb 10^2 eV beschreiben.

Im Bereich kleiner Ionenenergien können sich allerdings noch zusätzliche Schwie-

Zweierstoß in Schwerpunktkoordinaten

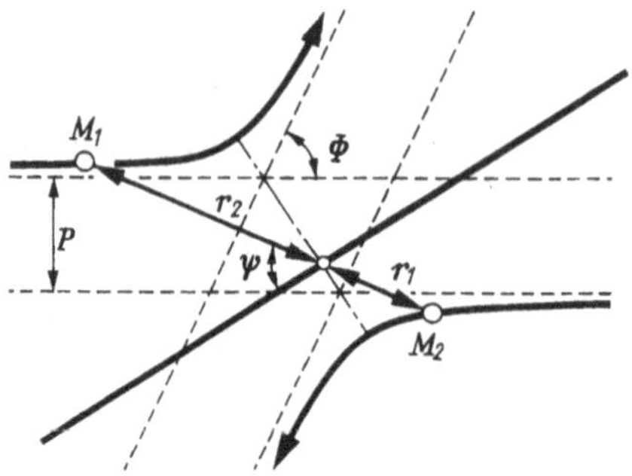

Maximaler Energieübertrag: $W_{max.} = \frac{4M_1M_2}{(M_1+M_2)} \cdot W_1$

Bedingung für klassische Näherung: $W_{max.} \gg \frac{e^2 m_0}{2a_0 M}\left(\frac{a_0}{a}\right)^2$

a_0 Bohrscher Radius
a Ionenradius
M Ionenmasse
m_0 Elektronenmasse
e Elektronenladung

Ionenreichweite: $R_{total} = \int_0^W - \frac{dW}{\left(\frac{dW}{dx}\right)_{total}}$ wobei $\left(\frac{dW}{dx}\right)_{total} = \left(\frac{dW}{dx}\right)_{Nucl.} + \left(\frac{dW}{dx}\right)_{Elektr.} + \left(\frac{dW}{dx}\right)_{Austausch}$

Abb. 3 Zur Behandlung der binären Stöße zwischen Ionen- und Festkörperatomen

rigkeiten durch Resonanzeffekte und chemische Wechselwirkungen zwischen den Elektronenhüllen der Stoßpartner ergeben, was erst in der letzten Zeit in Streuversuchen mit Ionen kleiner Energie untersucht worden ist [11].

Eine geschlossene analytische Behandlung des Eindringens der Ionen in Festkörper, ihrer Rückstreuung sowie der Zerstäubung von Targetmaterial ist vor allem von Sigmund vorgenommen worden [12]. Dabei berechnet man zunächst die Wahrscheinlichkeit für die Streuung der primären oder sekundären Teilchen an Gitteratomen. Üblicherweise werden die elementaren Stoßprozesse in Schwerpunktkoordinaten formuliert. Die mathematische Behandlung geht von der Bildung von Stoßkaskaden aus, die mit Hilfe einer verallgemeinerten Boltzmannschen Transportgleichung beschrieben werden. Durch Momentenentwicklung der linearisierten Gleichung und ihre Lösung unter speziellen Annahmen lassen sich die folgenden Schritte berechnen:

— zunächst bestimmt man die Energieanteile, die von den primären und sekundären Teilchen in den oberflächennahen Schichten des Targets übertragen werden;
— daraus wird die entsprechende Anzahl der angestoßenen Atome berechnet;

– nunmehr wird ermittelt, welcher Bruchteil dieser Teilchen unter welchem Winkel eine bestimmte Schicht des Targets durchquert;
– schließlich wird berechnet, welche Anteile der Teilchen an der Oberfläche ankommen und die Potentialschwelle W_s überwinden können.

Entsprechend diesem Konzept sind Formeln für die Reichweite der Ionen im Target, für die Bildung von Punktdefekten im Target und für die Sputterrate abgeleitet worden. Als *Sputterrate* S wird die Anzahl der Atome bezeichnet, die aus dem Target je anfallendes Ion herausgeschlagen werden. Naturgemäß hängt S von den relativen Massen, der Oberflächenenergie, der Energie der einfallenden Ionen und von den Winkeln ab. Die grundlegenden Beziehungen, die vor allem von SIGMUND für die Energie- und Winkelabhängigkeit aufgestellt worden sind, konnten für Element-Targets ohne Vorzugsorientierung (amorph oder polykristallin) im wesentlichen bestätigt werden (Abb. 4).

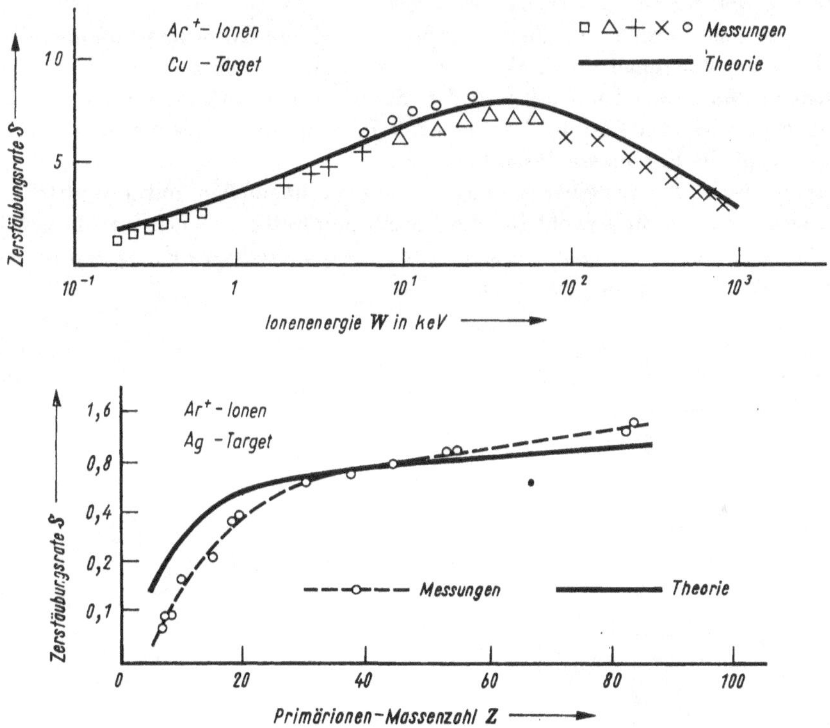

Abb. 4 Vergleich berechneter und gemessener Zerstäubungsraten für Kupfer und Silber (nach SIGMUND)

Bei einkristallinen Festkörpern treten Besonderheiten auf, die vor allem von YURAŠOVA untersucht worden sind [13]. Man beobachtet beim Abstäuben beispielsweise eine bevorzugte Emission von Teilchen in bestimmten Richtungen, die fokussierten Stoßketten zugeordnet werden können. In diesem Zusammenhang spricht man häufig von *Wehner-Flecken.*

Die hier angedeutete analytische Behandlung der Wechselwirkung Ionen/Festkörper auf der Basis einer Vielfachstreuung vermag zwar die wichtigsten Phänomene und Abhängigkeiten zu erklären, jedoch bleiben einige Fragen offen:

- Die Beschränkung auf klassische Stöße ist bei niedrigen Energien der Stoßpartner nicht mehr zulässig; darüber hinaus sind in diesem Fall auch kollektive Anregungsprozesse zu berücksichtigen.
- Für die Ermittlung des Anteils abgestäubter Ionen, Clusters oder Molekülfragmente liefert die Theorie keine Aussagen, und man benötigt dann andere Ansätze, deren Behandlung erst in den Anfängen steht.
- Schließlich muß die Anwendung einer Konzeption der Vielfachstreuung auf den Zerstäubungsvorgang auch deshalb bedenklich erscheinen, weil die abgestäubten Teilchen, wie wir heute wissen, im wesentlichen aus einer oberflächennahen Zone von weniger als 10 Å Dicke herrühren.

In der letzten Zeit wurden, vor allem von Shimizu, Monte-Carlo-Berechnungen der Wechselwirkung von Ionen in Festkörpern vorgenommen. Die Ergebnisse vermitteln einen anschaulichen Eindruck von den Stoßkaskaden und ihrer Ausdehnung im Festkörper und vom Zustandekommen der Zerstäubung. In den Abb. 5 und 6 sind einige typische Ergebnisse dargestellt [14].

Zweifellos bedarf es noch einer umfangreichen experimentellen und theoretischen Forschungsarbeit, um die sowohl für die Festkörperphysik als auch für die praktischen Anwendungen wichtigen Elementarprozesse der Wechselwirkung von Ionen mit Festkörpern im einzelnen aufzuklären.

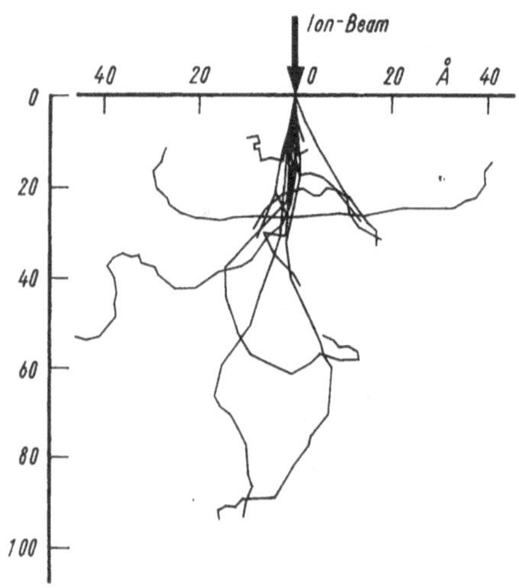

Abb. 5 Wege der Primärionen im Target nach Monte-Carlo-Berechnungen für 4 keV Ar^+ und Cu nach Shinizu [14]

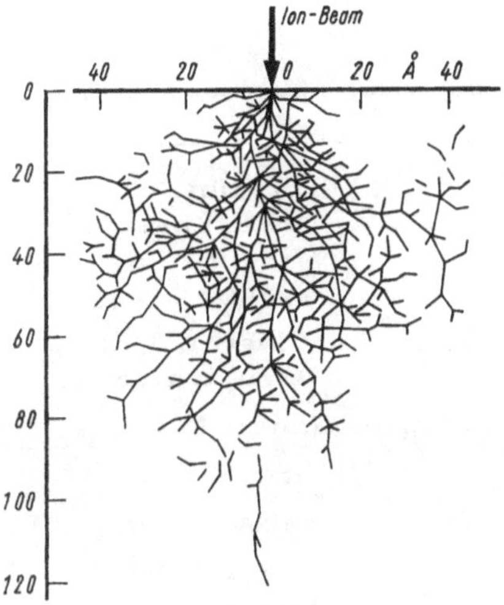

Abb. 6 Aufbau der Lawine sekundär angestoßener Targetatome für die gleichen Bedingungen wie in Abb. 5

3. Ionenquellen und Strahlenapparaturen

Zur Erforschung der Wechselwirkung Ionen/Festkörper und für ihre Anwendungen benutzt man entweder Plasmaentladungen oder Ionenstrahlanordnungen. Die Plasmavarianten bieten bei Anwendungen häufig Vorteile, da sie sich relativ einfach realisieren lassen und großflächige Targets eingesetzt werden können. Beispiele bilden Ätz- oder Sputterapparaturen, in denen bei Drücken zwischen 10 und 10^{-1} Pa, meist in Edelgas mit entsprechenden Zusätzen, eine Gleichstrom- oder Hochfrequenz-Entladung aufrechterhalten wird.

Die Ionenstrahlmethoden sind zwar schwieriger zu realisieren, jedoch bieten sie den Vorzug, daß Energie und Richtung der einfallenden Teilchen definiert sind und in weiten Grenzen variiert werden können. Außerdem läßt sich die Ionenstrahltechnik unter den Bedingungen eines guten Hochvakuums, teilweise sogar im Höchstvakuum, anwenden, so daß Forderungen bezüglich der Reinheit besser erfüllt werden können. Infolgedessen bevorzugt man in der Forschung schon seit längerer Zeit die Strahlmethoden — auch wenn die Ergebnisse im technischen Maßstab mit Plasmaanlagen realisiert werden —, darüber hinaus werden Strahlverfahren auch in zunehmendem Maße für Anwendungen eingesetzt.

Tabelle 2 gibt eine Übersicht über die wichtigsten Ionenquellen, die in der Strahltechnik gegenwärtig verwendet werden. Hervorzuheben sind insbesondere das Duoplasmatron, die Elektronenstoß- und die Hohlkatodenquellen. Im internationalen Maßstab werden Ionenquellen unterschiedlicher Parameter in wachsendem Maße

Tabelle 2
Wichtige Ionenquellen-Typen

Typ	Ionenstrom	Autoren
Elektronenstoßquelle mit magnetischer Stabilisierung	bis 100 mA	FINKELSTEIN, FIEDLER, REISSE, WEISSMANTEL, KAUFMANN
Duoplasmatron	bis 20 mA	v. ARDENNE, CHOPRA, LEJEUNE
Duopigatron	bis zu mehreren Ampere	LEJEUNE, MASIC
Sattelfeldionenquelle	bis 10 mA	FITCH
Hohlkatodenquelle	bis 10 mA	SIDENIUS, SHIMITSU
Planarmagnetron	bis 1 A	v. ARDENNE, WILSON, BREWER

auch kommerziell angeboten, und die von uns weiterentwickelten Finkelstein-Quellen konnten zumindest in Kleinserien gefertigt und für Nutzer in der DDR bereitgestellt werden. In Abb. 7 ist das Prinzip einer Ionenstrahl-Ätz- und Sputteranlage dargestellt. Abbidung 8 zeigt eine neuartige Ionenquelle, die zum Einbau in Hochvakuumanlagen geeignet ist, ohne magnetische Stabilisierung auskommt und immerhin Ionenströme bis zu 40 mA zu liefern vermag.

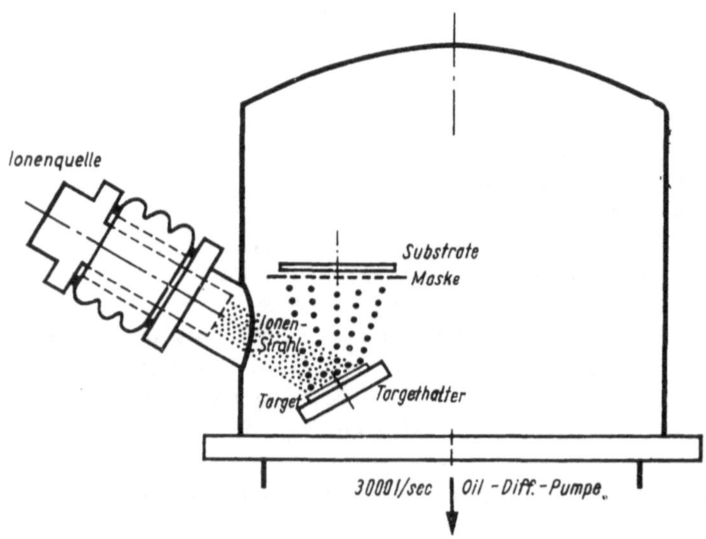

Abb. 7 Prinzipieller Aufbau einer Ionenstrahl-Ätz- und Zerstäubungsvorrichtung

Finkelstein-Quellen bis zu mehreren 100 mA sind in unserem Labor erfolgreich erprobt worden, und auch die Erzeugung von Strahlbündeln mit großem Querschnitt für die Bearbeitung größerer Flächen schreitet erfolgversprechend voran [15]. Schwierigkeiten bereitet allerdings gegenwärtig noch der Bau von Ionenquellen hoher Leistung, die für die Erzeugung von Ionen reaktiver Elemente, wie Sauerstoff oder Bor, im Dauerbetrieb geeignet sind.

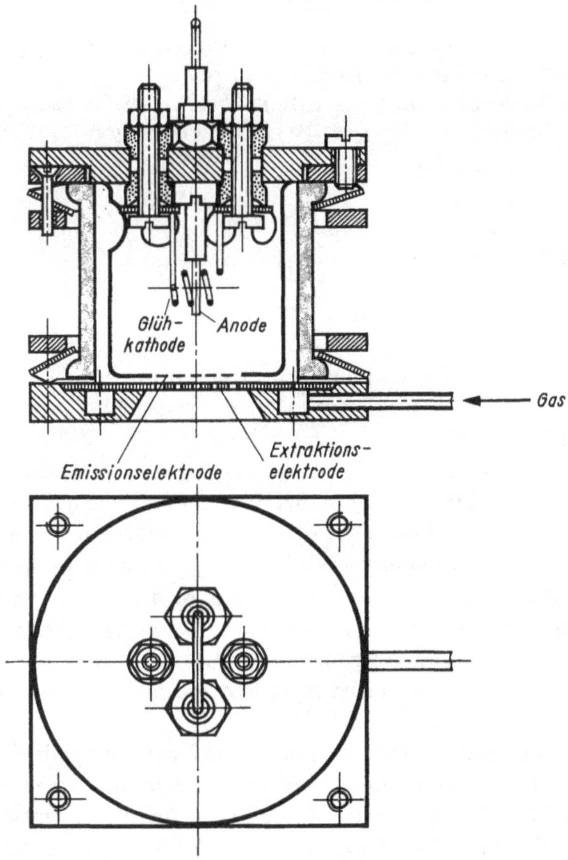

Abb. 8 Einbauionenquelle für 40 mA Ar^+-Ionenströme

4. Analytische Anwendungen

Die Wechselwirkung Ionen/Festkörper hat vor allem in den letzten Jahren einen breiten Einsatz in der Diagnostik und Analytik von Oberflächen fester Stoffe gefunden. Dies bildet übrigens auch die Basis für eine vertiefte Erforschung der Er-

Tabelle 3
Analytische Anwendungen der Wechselwirkung Ionen/Festkörper

Verfahren	Varianten	Informationstiefe
Ionenrückstreuung	LOW- / MEDIUM- / HIGH- ENERGY BACK SCATTERING (LEIS) / (MEIS) / (HEIS)	100 Å / 20 Å / 5 Å
Sekundärionen-Massenspektroskopie (SIMS)	Verschiedenartige Sonden	Differentiell
	Kombination der Ionenabtragung mit Auger-Elektronenspektroskopie (AES) (o. a. Verfahren	5 Å bei Profiltiefen bis zu einigen µm
Ioneninduzierte Quanten- oder Elektronenemission	Bombardment Induced	10 Å
	Light Emission (BLE)	10 Å
	Sekundärelektronenspektroskopie	
	Ioneninduzierte Röntgenspektroskopie	

scheinungen an Festkörperoberflächen. Die wichtigsten Verfahren der Festkörperanalytik, bei denen die Wechselwirkung Ionen/Festkörper verwendet wird, sind in Tab. 3 zusammengestellt [16, 17].

Die *Rückstreuung* energiereicher Ionen (HEIS) hat sich für die Analytik dünner Schichten außerordentlich bewährt. Man benutzt dabei Ionen leichter Elemente, besonders Helium, die als feiner Strahl mit einer Energie von größenordnungsmäßig 1 MeV auf die Probe unter verschiedenen Winkeln aufgeschossen werden. Wie Abb. 9 veranschaulicht, erhält man ein definiertes und auch quantitativ auswertbares Signal in Form einer mehr oder weniger breiten Linie im Energiespektrum der rückgestreuten Ionen, wenn Verunreinigungen oder Komponenten schwerer Atome in einer Schicht enthalten sind, deren Bestandteile niedrige Massenzahlen aufweisen.

Ein Vorteil der Ionenrückstreuungsanalyse besteht darin, daß eine integrale Information über die Zusammensetzung einer mehr oder weniger dünnen Schicht erhalten wird. Die analysierte Dicke hängt von der Energie und Art der Ionen sowie vom Einfallswinkel der Strahlen ab. Neuerdings wurde auch die Streuung mittelenergetischer Ionen (10^4 bis 10^5 eV, MEIS) sowie von niedrigenergetischen Ionen ($< 10^3$ eV, LEIS) zur Diagnostik und Analytik herangezogen. Die dabei auftretenden Phänomene bedürfen jedoch noch einer vertieften Erforschung, bevor umfangreichere Anwendungen dieser Technik vorgenommen werden können.

Sehr verbreitet hat sich der Einsatz der *Sekundärionen-Massenspektrometrie* (SIMS), seitdem hierfür kommerziell Geräte angeboten werden [18]. Das Prinzip ist in Abb. 10 dargestellt. Ein fein ausgeblendeter bzw. fokussierter Ionenstrahl wird auf das Target gerichtet und stäubt von der getroffenen Stelle Material ab.

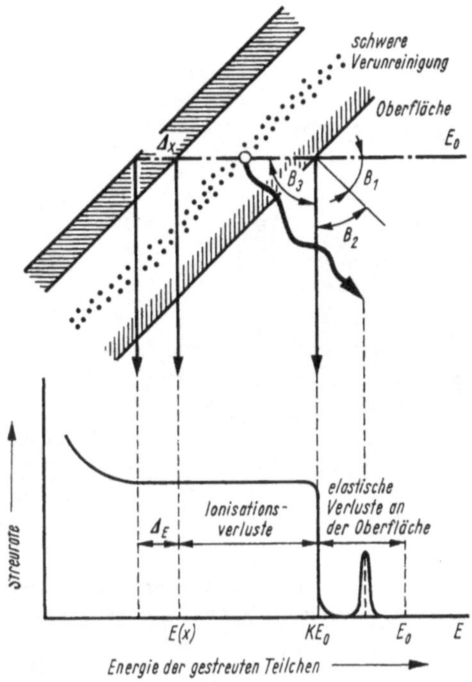

Abb. 9 Zum Prinzip der Schichtanalytik mit Hilfe der Rückstreuung energiereicher Ionen (HEIS) (nach Kelly)

Wie wir bereits erwähnten, bestehen diese abgesputterten Teilchen aus neutralen Partikeln und einem leider je nach der Natur des Targets wechselnden Bruchteil von Ionen. Nur die Sekundärionen werden in einem Massenanalysator registriert, und man erhält ein Massenspektrum, aus dem auf die Zusammensetzung der bombardierten Stelle der Targetoberfläche geschlossen werden kann.

Die SIMS-Verfahren sind sehr empfindlich, und durch Kombination mit dem Rasterprinzip läßt sich relativ rasch eine Analyse der Verteilung der interessierenden Elemente an der Probenoberfläche durchführen. Neuerdings wurden sogar Rasteranlagen mit Bildanzeige entwickelt, die eine direkte Abbildung der Sekundärionenverteilung ermöglichen. Die Auflösung dieser Sekundärionenmikroskope beträgt etwa 1 µm, wobei die Strahlverbreiterung durch elektrostatische Abstoßung begrenzend wirkt. Andererseits ergibt sich gegenüber der Elektronenrastermikroskopie der Vorteil, daß bei etwa gleicher Tiefenschärfe ein Bild der Verteilung bestimmter Elemente erhalten wird. Ein weiterer Vorteil der Sekundärionenmassenspektrometrie besteht darin, daß man die Probe mit dem Ionenstrahl schrittweise abtragen kann. Man gelangt auf diese Weise zu einem Tiefenprofil der Verteilung der Elemente, ausgehend von der Oberfläche in das Innere der Festkörperprobe. Diese Methodik hat besonders für die Untersuchung der Ionen-

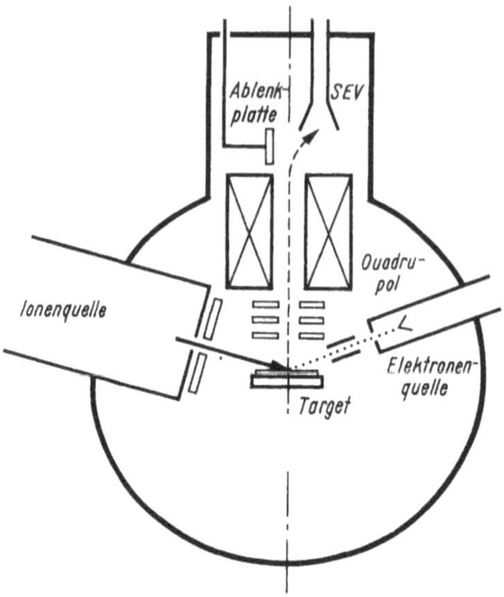

Abb. 10 Prinzipieller Aufbau einer Anlage zur Analytik von Oberflächen und dünnen Schichten mit Hilfe der Sekundärionen-Massenspektrometrie (SIMS); nach BENNINGHOVEN [18]

implantation sowie des Aufbaus der verschiedensten Veredlungs- und Vergütungsschichten wichtige Beiträge geleistet. Auch der Einsatz zur Prozeßkontrolle in technologischen Anlagen der Oberflächenbehandlung zeichnet sich ab und wird zunehmend realisiert. Da der Anteil der Ionen an den abgestäubten Teilchen jedoch stark von der chemischen Natur der Probe abhängt, ist eine quantitative Zuordnung der Ergebnisse meist nur mit Hilfe entsprechender Vergleichspräparate möglich, und auch dann sind bei der quantitativen Auswertung von SIMS-Spektren häufig Störfaktoren zu berücksichtigen. Infolgedessen kombiniert man das Prinzip des Profilabtrags mittels Ionenstrahlen heute vielfach mit anderen Verfahren der Oberflächenanalyse; beispielsweise mit der Auger-Spektroskopie (AES) oder mit der elektronenstoßinduzierten Emission von Ultraviolett- oder Röntgenstrahlen (UPS, XPS). Schließlich wurde in den letzten Jahren auch die spektroskopische Untersuchung von Quanten des sichtbaren oder ultravioletten Lichts, die im Gefolge eines Ionenbombardements emittiert werden, in zunehmendem Maße für die Oberflächendiagnostik herangezogen. Dabei nutzt man die Tatsache aus, daß die nichtelastischen Stoßprozesse Elektronenanregungen bewirken, in deren Gefolge Quanten emittiert werden. Auch die abgestäubten Teilchen verlassen das Target zu einem erheblichen Bruchteil als angeregte Atome, so daß im abgestäubten Strahl gleichfalls eine Quantenemission auftritt. Zusammenfassend werden diese Methoden, bei denen sekundäre Quanten mit Hilfe eines Monochromators und eines

Quantendetektors analysiert werden, als *BLE* nach „bombardment induced light emission“ bezeichnet.

Zweifellos tragen die neueren Methoden der Oberflächenanalytik ganz entscheidend zur vertieften Erforschung der Struktur und Veränderungen an den Oberflächen- und Randschichten von Werkstoffen bei, und sie entwickeln sich immer mehr zu einem unentbehrlichen Bestandteil bei der Untersuchung von Werkstoffen und dünnen Schichten. Da jedes einzelne Verfahren Vor- und Nachteile hat, zeichnet sich in den neueren Arbeiten und auch bei den kommerziellen Geräteentwicklungen der Trend ab, mehrere Verfahren in einer Anlage zu kombinieren.

5. Ionenimplantationen

Nach ursprünglich zögerndem Anfang hat sich die Ionenimplantation als Mittel zur Dotierung von Halbleiterschichten in der Forschung und in der Industrie mit wachsendem Erfolg durchgesetzt. Man schätzt, daß gegenwärtig etwa 500 Beschleuniger als Implantationsanlagen international in Betrieb sind [19, 20].

Das größte Hindernis bei der Einführung der Implantation bildeten die Strahlenschäden, die von den Ionen vor ihrer Abbremsung im oberflächennahen Gebiet des Festkörpers erzeugt werden. Man muß nachträglich einschätzen, daß dieses Problem zunächst überbewertet worden ist, und daß sich die Beschleunigerfachleute zunächst mit den Festkörperphysikern zusammenfinden mußten, bevor optimale Bedingungen gefunden werden konnten. Außerdem kommen die Vorzüge der Ionenimplantation gegenüber den herkömmlichen Diffusionsmethoden der Dotierung mit zunehmender Miniaturisierung der elektronischen Bauelementefunktion immer stärker zur Geltung, so daß der Trend zu einer stärkeren Nutzung der Ionenimplantation geht.

Die praktischen Probleme sind teils apparativer, teils methodischer Natur. Für eine wirksame Implantation muß man relativ intensive Ionenstrahlen der interessierenden Elemente, also beispielsweise Phosphor oder Bor, mit einer Energie von einigen 100 keV erzeugen. Hierzu sind spezielle Ionenquellen, z. B. Festkörperquellen nach dem Hohlkatodenprinzip, entwickelt worden. Auch die ursprünglich von der Kernphysik übernommenen Beschleuniger wurden den speziellen Bedürfnissen der Implantationstechnik entsprechend immer stärker abgewandelt.

Methodisch läuft die Durchführung der Ionenimplantation stets darauf hinaus, einen Kompromiß zwischen den auftretenden Strahlenschäden im Halbleiter und der Konzentration der eingebrachten Störstellen zu schließen. Der entscheidende Weg hierzu besteht darin, die Implantation bei erhöhter Temperatur auszuführen, damit ein Großteil der Defekte schon während des Ionenbeschusses wieder ausheilt. Eine weitere nachfolgende Temperung kann die Resultate verbessern, jedoch sind die konkreten Bedingungen stark von der Materialkombination abhängig, und es bedurfte daher relativ langwieriger Untersuchungen, um die optimalen Prozeßparameter aufzufinden.

Tabelle 4
Ionenimplantation in Halbleiter

Berechnete Werte für die Energieparameter ε ($\varepsilon_1 \approx \frac{\varepsilon}{3}$ $\varepsilon_2 \approx \varepsilon_3$) und für die Reichweiteparameter ϱ für verschiedene in Si, Ge und CdTe implantierte Ionen mit

$$\varepsilon = \frac{aM_2}{Z_1Z_2e^2(M_1+M_2)} \cdot W \text{ und } \varrho = RNM_2 \frac{4\pi a^2 M_1}{(M_1+M_2)^2}$$

M_1 — Ionenmasse, M_2 — Masse des Targetatoms, W — Energie, e — Elementarladung, R — Reichweite, N — Atomdichte, a — Atomradius

Ion (KL-Zahl)	Material (Kernladungszahl)								
	Si (14)			Ge (32)			CdTe (50)		
	ε/W (keV)	ε_1 ε_2	ϱ/R (µm)	ε/W	ε_1 ε_2	ϱ/R	ε/W	ε_1 ε_2	ϱ/R
B (5)	0,113	3 17	32,2	0,049	7 13	10,6	0,029	12 10	3,8
P (15)	0,021	17 140	29,0	0,012	29 140	15,7	0,0078	45 130	6,8
As (33)	0,0048	73 800	17,0	0,0034	103 800	14,8	0,0025	140 800	8,1
Sb (51)	0,0019	180 2000	10,7	0,0015	230 2000	11,9	0,0012	290 2000	7,5
Bi (82)	0,0007	530 6000	5,8	0,0006	600 6000	8,0	0,0005	700 6000	5,8

Gegenwärtig wird die Ionenimplantation zur Herstellung sehr verschiedenartiger hochminiaturisierter Schaltkreise auf Silizium- und Germaniumbasis, aber auch zunehmend für die Dotierung von Verbindungshalbleitern zur Erzielung steiler pn-Übergänge, insbesondere auch für optoelektronische Anwendungen, genutzt. Tabelle 4 vermittelt eine Übersicht über die Eindringtiefen und die Energieparameter bei der Implantation der wichtigsten Dotierungselemente in Element- und Verbindungshalbleitern.

Im übrigen zeichnen sich beachtenswerte Trends in der weiteren Verbesserung der Ionenimplantation von Halbleitern ab:

- besonders für MOS-Schaltkreise hat sich die Dotierung durch dünne Isolatorschichten hindurch bereits bewährt;
- eine nachfolgende Dotierung von MOS-Funktionseinheiten nach dem Aufbringen der Gate-Elektrode, die zugleich als Maske wirkt, erlaubt eine Selbstjustierung hochminiaturisierter MOS-Transistoren, womit kleine Abweichungen in der Maskenpositionierung korrigiert werden können;
- die beim Ionenbeschuß gleichzeitig auftretenden Veränderungen in den Isolatorschichten können genutzt werden, um die Ätzbarkeit in wünschenswerter Weise zu beeinflussen.

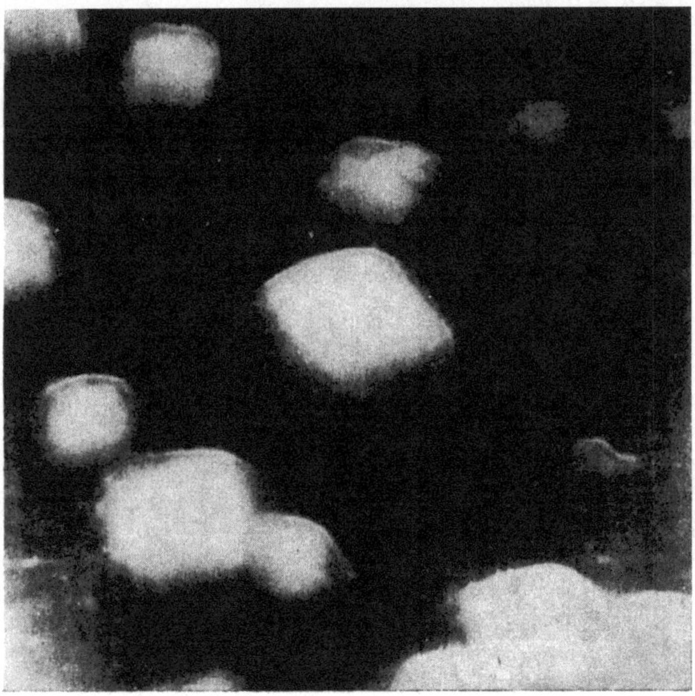

Abb. 11 Bildung von Nitridkeimen an einer stickstoffimplantierten Eisenoberfläche

Schon seit längerer Zeit ist vorgeschlagen worden, die Ionenimplantation auch zur Erzeugung von speziellen Oberflächenphasen von Werkstoffen mit dem Ziel der Verbesserung des Verschleiß- oder Korrosionsverhaltens zu nutzen [21, 22]. Erst neuerdings, begünstigt durch die Entwicklung leistungsstarker Ionenstrahlanlagen, wurde diese Problematik verstärkt aufgegriffen. Da man bei der Oberflächenveredlung nur sehr dünne Schichten verändern will, kommt man mit geringeren Ionenenergien in der Größenordnung von einigen 10 keV aus, und man spricht daher von Niedrigenergie-Implantation (low energy implantation). In unserem Bereich beschäftigen wir uns mit der Implantation von Stickstoff in Molybdän und vor allem Stahl mit dem Ziel, auf diese Weise härtende Nitridschichten an der Oberfläche zu schaffen. Abbildung 11 zeigt die elektronenoptische Aufnahme einer Stahlprobe, die mit Stickstoffionen von 10 keV beschlossen worden ist. Man erkennt deutlich Kristallite, die nach dem Ergebnis der gleichfalls durchgeführten Mikroanalysen als Oberflächennitride anzusehen sind.

Zusammenfassend ist damit zu rechnen, daß die Implantation von Stickstoff, Bor oder Kohlenstoff künftig zur Veredlung hochbeanspruchter mechanischer Anlagenteile wachsende Bedeutung erlangen wird [23].

6. Ionenätzen und -bearbeiten

Die Reinigung von Oberflächen durch Ionenbeschuß, die meist als „Abglimmen" in einer in Edelgas von einigen Pascal Druck unterhaltenen Gasentladung durchgeführt wird, gehört zu den ältesten Anwendungen der Wechselwirkung zwischen Ionen und Festkörpern. Durch den Zerstäubungseffekt werden dabei oberflächliche Adsorbat- oder Oxidschichten sowie auch Verunreinigungen verschiedenster Art entfernt. Darüber hinaus kommt es zur Desorption angelagerter oder eingeschlossener Gase.

Mit den immer höher werdenden Anforderungen an Ultrahochvakuum-Anlagen ist auch die Bedeutung dieser Reinigungsmethode weiter gestiegen, und in neuerer Zeit ist eine ansteigende Anzahl von Veröffentlichungen zu verzeichnen, die sich mit dem Mechanismus und den günstigsten Anwendungsbedingungen der Ionenreinigung befassen [24, 25]. Die Impulse hierzu kommen vorwiegend aus der Kernteilchenphysik (Speicherringe).

Daneben sind auch Bestrebungen zu verzeichnen, das Abglimmen als Vorreinigung nachfolgender Lack- oder Metallbeschichtungen zu benutzen. So wurden von verschiedenen Gruppen Reinigungsschritte vor der Vakuumbeschichtung von Bandmaterial oder Stückgütern untersucht und teilweise schon industriell eingeführt [26, 27]. Von der japanischen Firma ULVAC [28] wurden sogar Versuche unternommen, ganze Autokarossen in großen Vakuumkammern vor der endgültigen Oberflächenveredlung durch Ionenbeschuß in einer Glimmentladung zu reinigen.

Bewährt hat sich auch das gezielte Abtragen von Material durch Ionenstrahlätzung für das *Abdünnen* elektronenoptischer Präparate [29, 30]. Hierfür werden von verschiedenen Firmen kommerziell Ionenstrahlapparaturen angeboten. In unserem Bereich haben wir eine Dreischrittechnik entwickelt, bei der das Abdünnen zuerst mechanisch mit Hilfe von Ultraschall, danach durch Ionenstrahlätzung und schließlich durch chemisches Polieren vorgenommen wird.

Gegenwärtig ist das Ionenätzen vor allem für die Mikroelektronik von Interesse. Um immer feinere Strukturen in elektronischen Schaltkreisen zu erzeugen, reicht

Ionenätzen mit Abhebetechnik

1) Belichten
2) Entwickeln
3) Verdampfen (Metall)
4) Abheben (Ultraschall)
5) Ionenätzen
6) Ergebnis

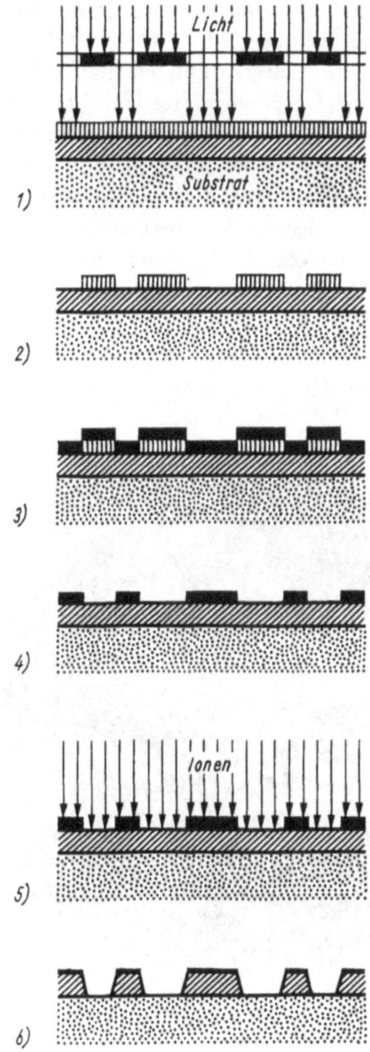

Tabelle:

Ätzraten für verschiedene Substanzen

Substanz	Ätzrate in $\frac{Å \cdot cm^2}{W \cdot min}$
Ag	900
Au	700
Cu	450
Fotolack	350
Al	200
SiO_2	150
Ta	100
Cr	100
Al_2O_2	60

Abb. 12 Schema zur Durchführung der Ionenätzung in der Mikroelektronik mittels Abhebetechnik (nach Wechsung)

die bisherige Fotomaskentechnik in Verbindung mit naßchemischer Ätzung nicht mehr aus. Bei der Fotomaskierung wird die erreichbare Auflösung durch die Unschärfe infolge der Lichtwellenlänge begrenzt, und man geht danach zur Röntgen- bzw. Elektronenstrahllithographie über. Das naßchemische Ätzen bereitet aber dann Schwierigkeiten, weil die Unschärfe infolge Unterwanderns der Masken gleichfalls die zulässigen Toleranzen überschreitet. In der sogenannten *Trockenprozeßtechnologie* versucht man daher, die naßchemische Ätzung durch eine Ionenätzung zu ersetzen. Abbildung 12 zeigt schematisch eine Variante, die als Abhebetechnik (lift off) bezeichnet wird.

In den bisherigen Untersuchungen hat sich herausgestellt, daß man Profilgenauigkeiten in der Größenordnung von 0,1 μm mit Hilfe der Ionenätzung erwarten kann. Gegenwärtig wird in der labormäßigen und der beginnenden industriellen Nutzung das Ätzen in einer Plasmaentladung bevorzugt. Vielfach verwendet man Fluor-Kohlen-Wasserstoff als Restgas, weil dann durch freiwerdendes Fluor ein spezifischer chemischer Ätzeffekt erhalten wird. Auch die plasmachemische Ätzung in Gemischen von Edelgas und Sauerstoff hat sich für bestimmte Masken-Substrat-Kombinationen bewährt. Abbildung 13 zeigt einen plasmageätzten Graben in einer Metallschicht mit einer Bearbeitungsgenauigkeit von etwa 0,1 μm.

In der weiteren Entwicklung ist zu erwarten, daß auch beim Ionenätzen die Strahlmethoden an Bedeutung gewinnen werden, und gegenwärtig ist die Entwick-

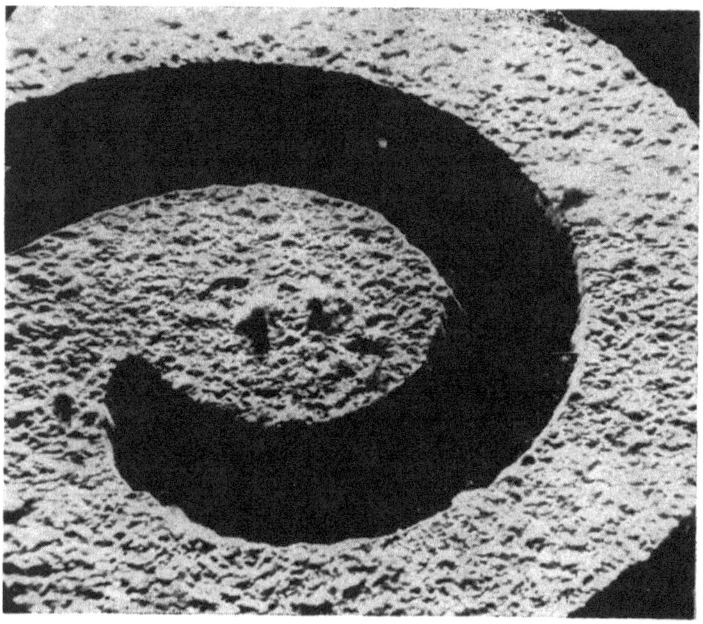

Abb. 13 Plasmageätzter Graben von 2 μm Breite in einer Aluminiumschicht auf Silizium (nach Missiano)

lung entsprechender Anlagen im Gange, von denen einige bereits kommerziell angeboten werden. Als Vorteil ergibt sich die höhere Reinheit, die unter Hochvakuumbedingungen erreicht werden kann, und die definiertere Ätzung bei passender Strahlführung, die zu einer größeren Genauigkeit führt. Man erwartet, daß in günstigen Fällen eine Bearbeitungsgenauigkeit in atomaren Größenordnungen erreicht werden kann. Das Hauptproblem beim Ionenätzen, das sowohl bei der Plasma- als auch bei der Strahlvariante auftritt, besteht in Profiländerungen, die dadurch zustandekommen, daß die Abtragung des Materials von der Einfallsrichtung der Ionen abhängt, und daß Verunreinigungen an der Oberfläche die Ausbildung von kegelförmigen Strukturen (ähnlich wie bei bestimmten Erosionsvorgängen in der Natur) bewirken kann. Abbildung 14 zeigt die berechnete und beobachtete Verschiebung einer Stufe beim Ionenätzen von Silizium. Die kleine Mulde am Fuße der Stufe kommt dadurch zustande, daß Ionen, die von der schrägen Wand rückgestreut werden, dort eine bevorzugte Ätzung veranlassen [31, 32].

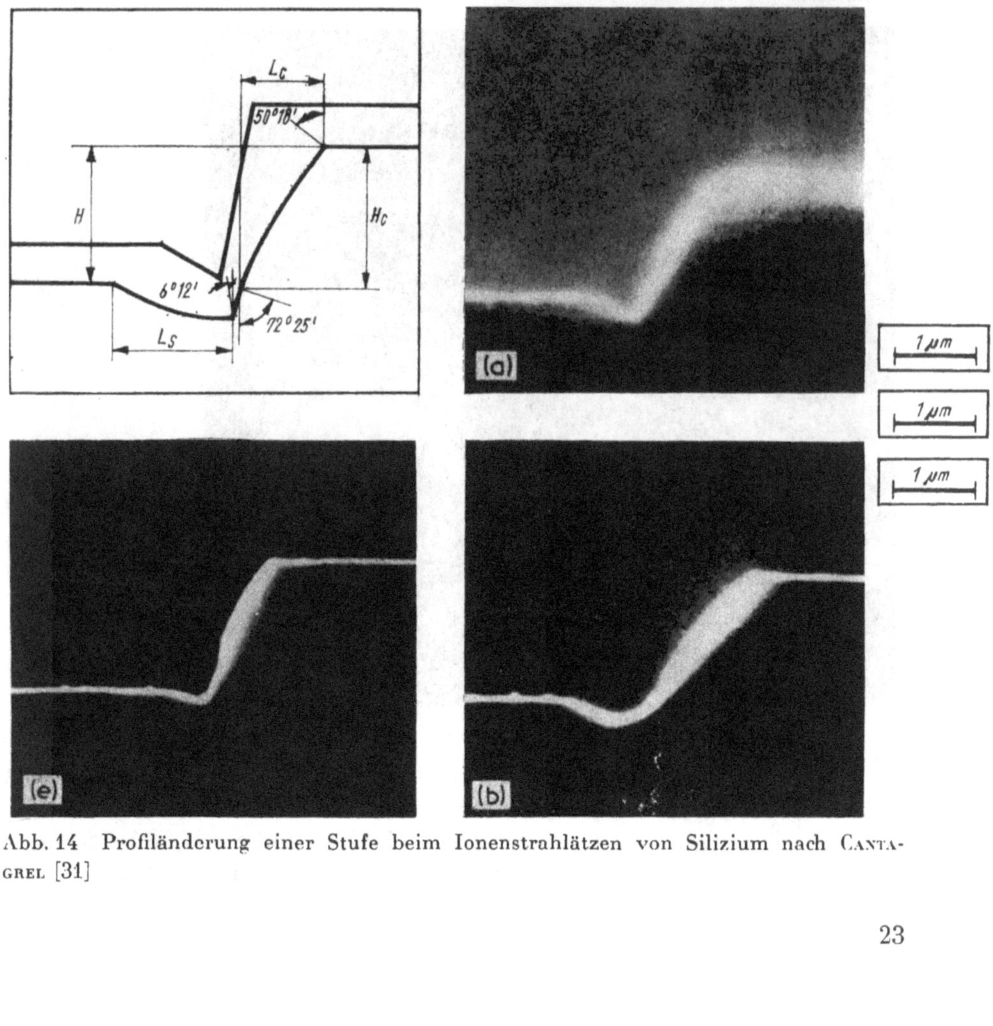

Abb. 14 Profiländerung einer Stufe beim Ionenstrahlätzen von Silizium nach Cantagrel [31]

Ungleichmäßigkeiten bei der Ionenätzung lassen sich häufig vermeiden, indem man die Proben so bewegt, daß die Einfallsrichtung der Ionen fortlaufend geändert wird. Andererseits haben sich aus der zunächst unerwünschten Bildung von Kegelstrukturen in verunreinigten Oberflächen neuerdings spezielle Anwendungen ergeben. Beispielsweise kann man eine Metalloberfläche durch gezielte Verunreinigung mit schwer zerstäubbaren Materialien wie Molybdän oder Kohlenstoff so „besäen", daß im Schatten dieser Verunreinigungen ausgeprägte Kegel und Spitzen erhalten bleiben. Eine texturierte Oberfläche erscheint im besonderen Maße geeignet, um eine möglichst vollständige Lichtabsorption an den Oberflächen von Solarzellen zu garantieren [33].

In unserer Forschungsgruppe haben wir beim Ionenstrahlätzen von Polytetrafluoräthylen (PTFE) gleichfalls eine ausgeprägte Kegel- und Fibrillenbildung beobachtet (Abb. 15). Sie kommt wahrscheinlich nicht durch Verunreinigungen, sondern durch verschieden gut geordnete Bezirke im Molekülverband des Polymeren zustande.

Abb. 15 Ausgeprägte Kegelbildung an einer Oberfläche von Polytetrafluoräthylen mit Ar^+-Ionen von einigen keV

Derartige ionengeätzte Oberflächen eignen sich, wie auch kürzlich in einer japanischen Arbeit festgestellt wurde, um eine Vorbehandlung von außerordentlich festen Klebeverbindungen zwischen Metallen und Plasten durchzuführen [34, 35].

Es sei angemerkt, daß wir den Vorgang der Bildung dieser Strukturen auch „in situ" in einem Rasterelektronenmikroskop kinematographisch studieren konnten.

Schließlich wurde die Texturisierung durch Ionenbeschuß auch mit Erfolg angewendet, um Metall- bzw. Plastimplantate für Knochenprothesen so vorzubehandeln, daß günstige Bedingungen für eine dauerhafte Verbindung mit dem Körpergewebe gegeben sind [36].

Eine weitere zukunftsträchtige Anwendung dürfte die Ionenätzung zur Erzeugung feiner und definierter Strukturen finden. Bei diesem als „ion milling" bezeichneten Verfahren benutzt man das programmierte Ionenstrahlätzen, um in Gläsern und Kristallen bestimmte Formen herauszuarbeiten. Beispiele erster erfolgreicher Anwendungen bilden die Erzeugung von keilförmigen Lichtleitern, die Herausarbeitung asphärischer Linsen, das Bohren von Löchern in Diamanten und anderen Kristallen sowie die Erzeugung bestimmter Profile in Spinn- und Ziehdüsen [37, 38].

Abschließend zu diesem Teil sei noch auf eine weitere Anwendungsmöglichkeit der Ionenätzung hingewiesen. Bei chemischen Verbindungen, speziell auch bei Polymeren und Textilfasern bewirkt der Ionenbeschuß durch Herausschlagen von Atomen oder funktionellen Gruppen die Bildung einer chemisch aktiven Oberfläche mit vielen freien Bindungen. Auf diese Weise lassen sich prinzipiell günstige Bedingungen für eine nachfolgende chemische Oberflächenreaktion schaffen; der beschossene Stoff wird also chemisch aktiviert. Wie Untersuchungen an der Technischen Hochschule Karl-Marx-Stadt ergaben, kann man auf diese Weise Textilfasern durch Behandlung in einer Glimmentladung, die geeignete Monomerdämpfe enthält, durch Pfropfpolymerisation wirkungsvoll veredeln [39]. Gegenüber der gleichfalls hierfür eingesetzten Elektronenstrahlbehandlung hat die Ionentechnologie den Vorzug, daß die Effektivität infolge der kleinen Ionenreichweite und des großen Impulsübertrags an der Oberfläche viel günstiger ist. Zweifellos stehen wir bei der Untersuchung und Nutzung chemischer Veränderungen im Zusammenhang mit einer Ionenbehandlung von Materialien erst am Anfang, und es sind weitere Anwendungen zu erwarten, die von der gezielten Plastveredlung bis zur Aktivierung von Katalysatoren reichen können.

7. Schichtherstellung mittels Ionenstrahlen

In den letzten Jahren haben Verfahren zur Abscheidung dünner Schichten mit Hilfe von Ionenstrahlmethoden in zunehmendem Maße Bedeutung erlangt. Im einzelnen sind dabei folgende Varianten zu unterscheiden.

Ionenstrahlzerstäubung

Bei diesem Verfahren, das im wesentlichen durch unsere Arbeiten begründet worden ist [40, 41, 42], und das gegenwärtig zahlreiche Gruppen nutzen [43, 44], wird ein festes Target in relativ hohem Vakuum durch ein Ionenstrahlbündel zer-

Abb. 16 Ansicht einer Apparatur zur Ionenstrahlzerstäubung im Hochvakuum; rechts oben: Ionenquelle; im mittleren unteren Teil erkennt man im geöffneten Rezipienten 2 nebeneinander angeordnete Targets und darüber das Substrat

stäubt. Unter typischen Bedingungen, wie sie in Abb. 16 veranschaulicht sind, arbeitet man mit Ionenquellen vom Finkelstein- bzw. Duoplasmatrontyp.

Dabei wird ein möglichst gleichmäßiges Ionenstrahlbündel, meist Ar^+, aus der Quelle mit einer Energie von 1 bis 20 keV abgesaugt. Unter Laborbedingungen arbeitet man meist mit Ionenstromstärken von 10 bis 20 mA; es wurden jedoch von uns auch Anlagen erfolgreich getestet, in denen breite Ionenbündel von mehr als 100 mA realisiert worden sind. Das abgestäubte Material wird auf geeigneten Substraten niedergeschlagen, die meist noch auf eine bestimmte Temperatur aufgeheizt werden.

Zahlreiche Untersuchungen haben gezeigt, daß die Ionenstrahlzerstäubung gegenüber der üblichen Plasmazerstäubung zur definierten Herstellung dünner Schichten Vorteile besitzt, weil die Abscheidung der Schichten unter Hochvakuumbedingungen erfolgt und außerdem Target- und Substratwechseleinrichtungen genutzt werden können.

In den obenaufgeführten Arbeiten wird u. a. über Ergebnisse der Herstellung von Metall-, Halbleiter- und Isolatorschichten mit Hilfe der Ionenstrahlzerstäubung berichtet. Bei Metallschichten beobachtet man vielfach eine bessere Haftfestigkeit und eine größere Dichte als bei Schichten, die mit anderen Verfahren hergestellt wurden. Halbleiterschichten von Silizium- und Galliumarsenid konnten durch Zerstäuben der entsprechenden Targets mit Argon bei genügend hohen Temperaturen in epitaktischer Form auf einkristallinen Substraten des Halbleiters selbst oder auf Spinell und Saphir abgeschieden werden. Bei tieferen Temperaturen erhält man polykristalline bzw. amorphe Schichten.

Um Isolatorschichten herzustellen, ist häufig noch eine Kompensation der auf den Substraten auftretenden Oberflächenladung notwendig, die durch einen gleichzeitig von einer Glühkatode gelieferten Elektronenstrahl bewirkt werden kann. Eine interessante Variante zur Herstellung von Isolatorschichten auf reaktivem

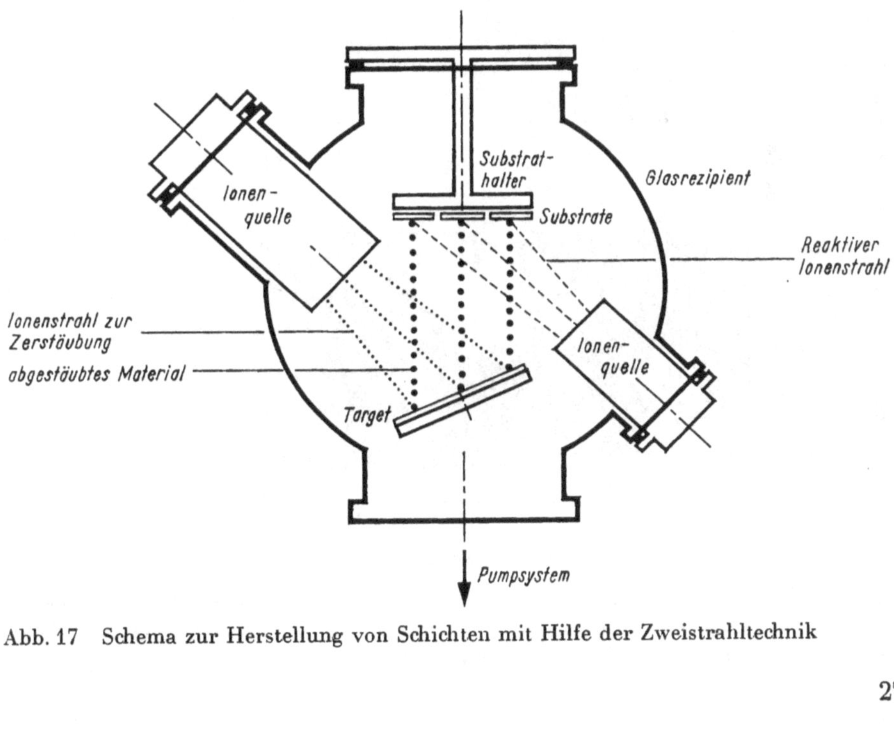

Abb. 17 Schema zur Herstellung von Schichten mit Hilfe der Zweistrahltechnik

Wege ist in Abb. 17 schematisch dargestellt [41, 42]. Bei dieser Zweistrahltechnik wird die auf dem Substrat aufwachsende Schicht gleichzeitig von einem Reaktivgas-Ionenstrahl beschossen, und es erfolgt eine direkte Reaktion zwischen den abgestäubten Teilchen und den Ionen bzw. den daraus hervorgehenden Neutralteilchen.

Das Verfahren wurde genutzt, um Si_3N_4 durch Zerstäuben eines Siliziumtargets und Beschuß des Substrats mit Stickstoffionen aus der zweiten Quelle herzustellen. Auch Cermetschichten aus Silber- und Siliziumdioxid wurden mit der Ionenstrahlzerstäubung erfolgreich hergestellt, wobei ein weiter Bereich der Zusammensetzung und des damit zusammenhängenden Temperaturkoeffizienten des elektrischen Widerstandes erfaßt werden konnte. Abbildung 18 zeigt schematisch die benutzte Anordnung und den gefundenen Verlauf des Temperaturkoeffizienten als Funktion des spezifischen Widerstandes.

Gemeinsam mit der französischen Gruppe von Gautherin und Mitarbeitern wurde an der Universität Paris XI erstmalig eine Anlage zur Herstellung von dünnen Schichten mittels Ionenstrahlzerstäubung unter Höchstvakuumbedingungen aufgebaut und erprobt [41, 45]. Bei dieser umfangreichen Apparatur, deren Prin-

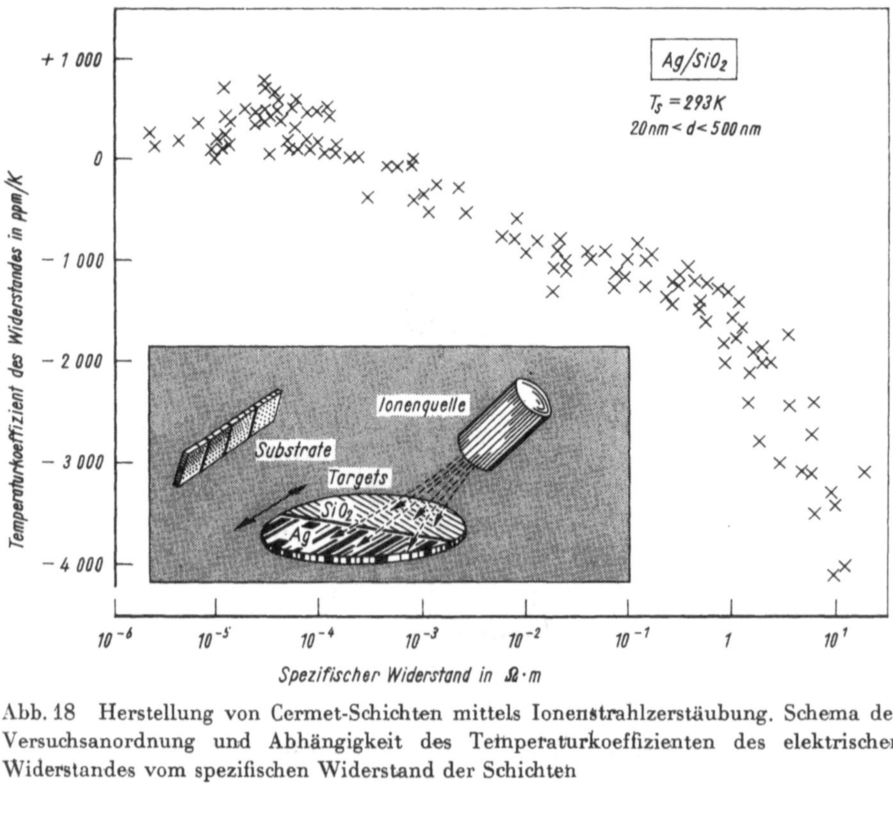

Abb. 18 Herstellung von Cermet-Schichten mittels Ionenstrahlzerstäubung. Schema der Versuchsanordnung und Abhängigkeit des Temperaturkoeffizienten des elektrischen Widerstandes vom spezifischen Widerstand der Schichten

zip in Abb. 19 dargestellt ist, wird ein Edelgas-Ionenbündel von etwa 10 mA bei 20 keV in einer Duoplasmatronquelle erzeugt und nach ionenoptischer Formung in den eigentlichen Rezipienten eingespeist. Diese Versuchskammer wird mittels einer leistungsfähigen Kryopumpe auf ein Ausgangsvakuum in der Größenordnung von 10^{-8} Pa ausgepumpt. Mit Hilfe eines Target- und eines Substratwechselsystems ist es möglich, bis zu 8 Targets und bis zu 20 Substrate ohne Unterbrechung des Vakuums einzusetzen.

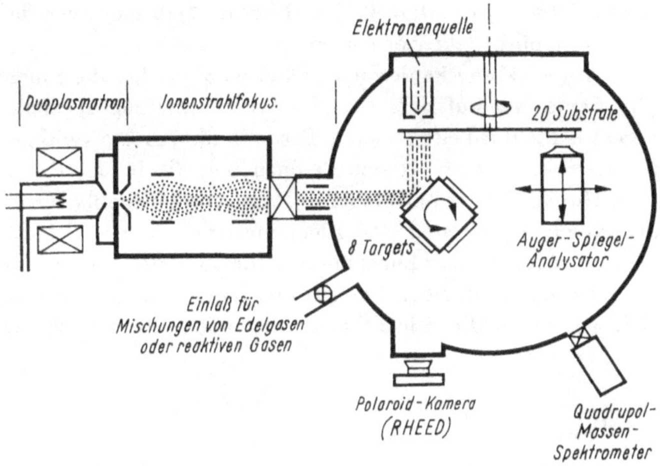

Abb. 19 Schema einer Anlage für die Ionenstrahlzerstäubung im Höchstvakuum bei Einsatz verschiedener Methoden der in-situ-Diagnostik

Analog zur Molekularstrahltechnik wurde die Anlage mit verschiedenen Einrichtungen zur in-situ-Diagnostik der hergestellten Schichten ausgestattet. So kann die Struktur der Schichten mittels Elektronenbeugung (RHEED) während des Abscheidevorganges bzw. bei kurzer Unterbrechung des Ionenstrahls aufgenommen und mittels einer Polaroid-Kamera fotografisch registriert werden. Die Zusammensetzung des Restgases, die sich mit einem speziellen Dosiersystem in weiten Grenzen variieren läßt, wird fortlaufend durch ein Quadrupol-Massenspektrometer überwacht. Unter typischen Bedingungen läßt sich auch während der Abscheidung ein Restgasdruck im Bereich von 10^{-6} bis 10^{-7} Pa aufrechterhalten.

Weiterhin ist im Inneren des Rezipienten ein Auger-Analysator vom zylindrischen Spiegeltyp auf einem Schlitten angeordnet. Während kurzen Unterbrechungen des Abscheidungsprozesses können die Proben durch Betätigen des Substratwechslers um 180° geschwenkt und in dieser Position mit Hilfe des Auger-Analysators auf ihre Zusammensetzung untersucht werden. Diese neuartige Apparatur wurde bisher eingesetzt, um Schichten der supraleitenden Nb_xGe_y-Phasen durch Zerstäuben von zusammengesetzten Targets herzustellen. Dabei gelang es erstmalig, im Temperaturbereich von 550 bis 650 °C teilweise epitaktische Schichten von Nb_3Ge auf (111)-Si sowie auf Saphir abzuscheiden.

In methodischer Hinsicht zeigen diese Untersuchungen, daß sich die Ionenstrahlzerstäubung zu einem Verfahren ausbauen läßt, das unter UHV-Bedingungen und unter Nutzung einer vielseitigen in-situ-Diagnostik realisiert werden kann. Dadurch ist ein Anschluß an die Molekularstrahltechnik möglich, wobei die Ionenstrahlzerstäubung gegenüber den Molekularstrahlmethoden den Vorteil bietet, daß die kondensierenden Teilchen eine wesentlich höhere kinetische Energie besitzen als thermisch verdampfte Partikel. Auf diese Weise ist zu erwarten, daß in Ergänzung und Erweiterung der Molekularstrahltechnik Schichten hergestellt werden können, deren Bildung eine erhebliche Aktivierungsenergie erfordert.

Hinsichtlich der weiteren Entwicklung kann eingeschätzt werden, daß die Ionenstrahlzerstäubung für die Forschung auf dem Gebiete der Herstellung spezieller Schichtstrukturen interessante Möglichkeiten bietet. Die mit diesem aufwendigen Verfahren gewonnenen Ergebnisse tragen wesentlich dazu bei, die in der Praxis auf Grund der einfacheren Durchführung und höheren Produktivität häufig bevorzugte Plasmazerstäubung durch Aufklärung der Elementarprozesse des Schichtwachstums zu optimieren. Darüber hinaus zeichnen sich für spezielle Anwendungen aber auch direkte technische Einsatzmöglichkeiten der Ionenstrahlzerstäubung ab. Hierfür dürfte künftig vor allem die Schichtherstellung mit Hilfe der Planarmagnetrons Bedeutung erlangen [46, 47].

Direkte Kondensation von Ionen

Neuerdings wird in zunehmendem Maße auch die direkte Kondensation langsamer Ionenstrahlen zur Herstellung von Schichten genutzt. Man erzeugt dazu in geeigneten Ionenquellen ein Strahlbündel, das vorwiegend Ionen des gewünschten Schichtmaterials selbst enthält. Hierzu werden spezielle Festkörper-Ionenquellen entwickelt. Da es schwierig ist, Ionen geringer Energie aus den Quellen effektiv abzusaugen, arbeitet man zunächst mit einer Beschleunigungsstufe und einem anschließenden Retardierungssystem, in dem die Ionen auf Energien in der Größenordnung von 10^1 bis 10^2 eV abgebremst werden. Durch Verbindung mit einem Energie/Massen-Filter gelang es, nahezu monoenergetische Ionenbündel von Metallen sowie Halbleiterelementen zu erzeugen [48, 49, 50].

Zweifellos werden diese aufwendigen Untersuchungen wesentlich dazu beitragen, die Kenntnisse über das Wachstum und die Struktur der Schichten in Abhängigkeit von der Energie der einfallenden Teilchen systematisch zu erweitern. Man hofft auf diese Weise, neuartige Schichten mit besseren und zum Teil ungewöhnlichen Eigenschaften herstellen zu können, da der Energie- und Impulsübertrag durch die einfallenden Teilchen wesentliche Modifikationen der Schichtstruktur bewirken kann.

Für praktische Anwendungen ist das Verfahren der Kondensation aus langsamen, gefilterten Ionenstrahlen vorläufig jedoch nicht produktiv genug. Man verfolgt daher parallel dazu einen einfacheren Weg, der auch als Ionenstrahlplattieren (ion beam plating) bezeichnet wird. Das Schichtmaterial wird bei dieser Variante in einem geeigneten Tiegel thermisch verdampft und anschließend in einer Nachionisierungsvorrichtung teilweise ionisiert. Durch geeignete Elektronenquellen bzw. Ringentladungen lassen sich bis zu etwa 25% der verdampften Teilchen unter relativ guten Vakuumbedingungen nachionisieren. Die Ionen werden mittels einer passend gewählten Vorspannung von 10^1 bis 10^3 eV beschleunigt, danach gelangen sie dann zusammen mit den nicht ionisierten Neutralteilchen auf das Substrat, wobei die Schichtbildung erfolgt. Im Unterschied zum reinen Ionenstrahlverfahren wird die Schicht somit aus einem Gemisch von relativ energiereichen Ionen und

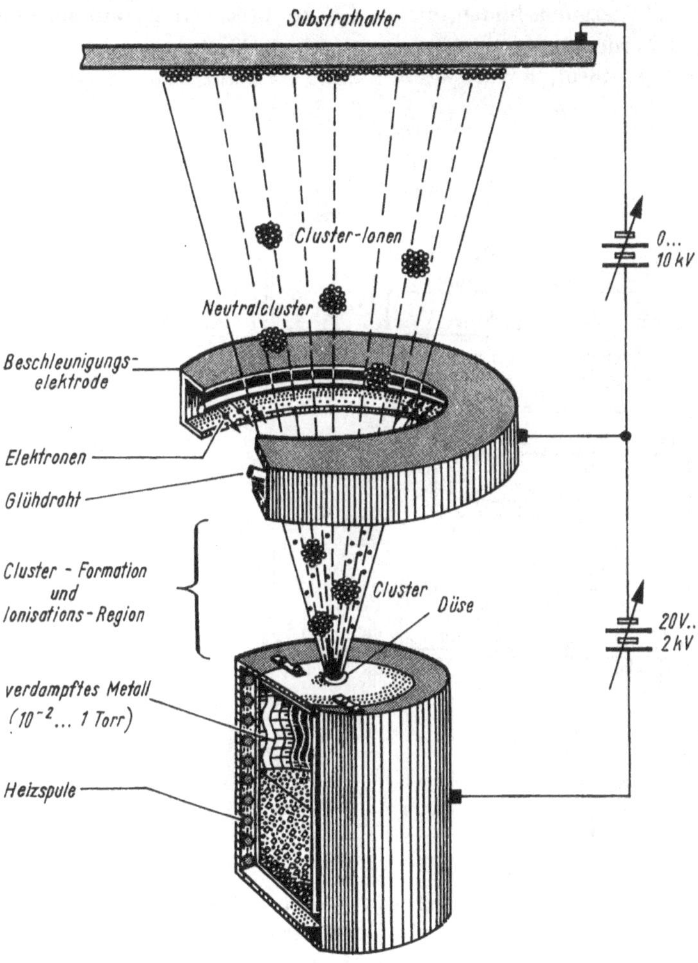

Abb. 20 Schema einer Verbindung zur Herstellung von Schichten mittels der Cluster-Ionen-Methode nach Takagi [53]

Neutralteilchen mit vorwiegend thermischer Energie aufgebaut. Verschiedene Forschergruppen wie NAMBA [51] und MURAJAMA [52] konnten zeigen, daß sich mit dieser Methodik Metall- und Halbleiterschichten mit interessanten Eigenschaften effektiv herstellen lassen. Besonders im Hinblick auf künftige optoelektronische Bauelemente werden diese Verfahren als aussichtsreich eingeschätzt.

Eine spezielle Variante, die in Abb. 20 schematisch dargestellt ist, wurde von TAKAGI und Mitarbeitern entwickelt [53, 54]. Bei dieser Cluster-Ionenmethode erreicht man durch Entspannung des Dampfes in einer passend geformten Düse, daß sich die Atome größtenteils zu Cluster von 10^2 bis 10^4 Einzelatomen zusammenschließen. Das Clusterstrahlbündel wird nun durch Elektronenbombardement nachionisiert, wobei sich Clusterionen bilden, die als Ganzes beschleunigt und auf dem Substrat kondensiert werden.

Dieses Verfahren kann insofern Vorteile bieten, als die zusätzliche Aktivierungs-

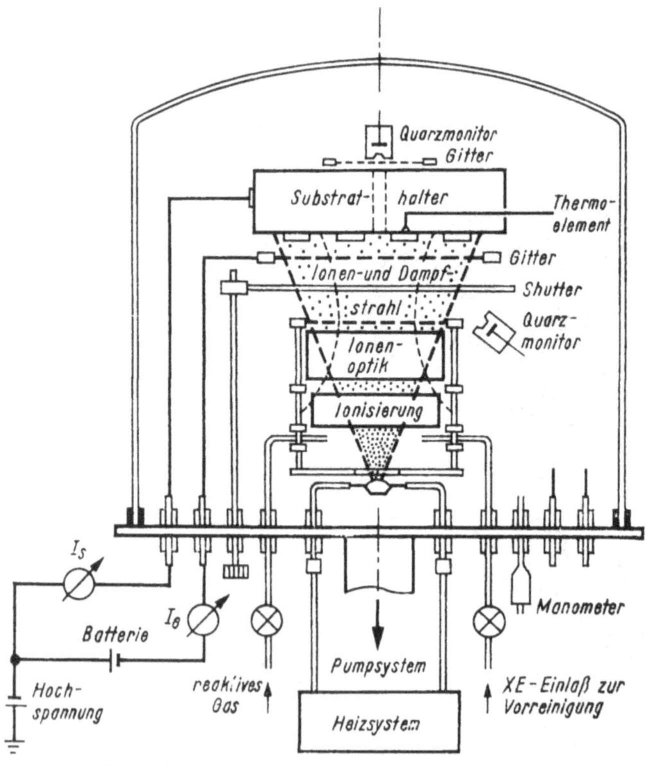

Abb. 21 Versuchsanordnung zur Herstellung von harten Kohlenstoffschichten sowie von Chrom-Kohlenstoffschichten durch Ionenstrahlplattieren (für die Herstellung von Kohlenstoffschichten wird eine Mischung von Benzoldampf und Argon in das System eingelassen; für Chrom-Kohlenstoffschichten wird zusätzlich Metall aus dem im unteren Teil dargestellten Tiegel verdampft)

energie auf Klümpchen vieler Atome verteilt wird und somit bei Schonung des Substrats sozusagen vorgefertigte Keime niedergeschlagen werden.

Bei der Anwendung dieser neuartigen Methoden, die zweifellos noch viele Möglichkeiten zur Herstellung spezieller Schichtstrukturen versprechen, muß man häufig einen Kompromiß zwischen der erwünschten Aktivierung des Schichtwachstums durch die zusätzliche Energie der Ionen und sekundären Strahlenschäden schließen. Das zeigte sich auch bei Untersuchungen, die wir mit der in Abb. 21 schematisch dargestellten Quelle zur Abscheidung von Kohlenstoffschichten durchgeführt haben.

Bei dieser Vorrichtung wird organischer Dampf, vorzugsweise Benzol, zusammen mit Argon bei einem Gesamtdruck von größenordnungsmäßig 10^{-1} Pa verwendet. Elektronen, die von der Heißkatode emittiert werden, beschreiben zwischen den Reflektorelektroden und dem Anodengitter Pendelbahnen, wodurch eine effektive Ionisation der organischen Moleküle bewirkt wird. Die so erzeugten Molekül- bzw. Fragmentionen werden mit einer Vorspannung von einigen 10^2 eV abgesaugt und auf verschiedenartigen Substraten wie Hartmetall, Glas, Silizium abgeschieden. Dabei wurden interessanterweise harte und transparente Kohlenstoffschichten mit diamantähnlichen Eigenschaften erhalten. In Tab. 5 sind einige der makroskopischen Eigenschaften derartiger Schichten zusammengestellt [41, 55].

Tabelle 5
Eigenschaften von mittels Ionenzerstäubung hergestellten Kohlenstoffschichten

1. Vickers-Härte (plastischer Anteil) 40 p Prüflast:

Mikrohärte in kp/mm²	Ionenenergie in eV
6000	250
3500	800

2. Optischer Brechungsindex ($\lambda = 5461$ Å):

Brechungsindex	Ionenenergie in eV
2,8	250
2,0	800

3. Spezifischer Widerstand: bis zu 10^{10} $\Omega \cdot$ cm
4. Optische Transparenz: bis ≈ 3 µm Schichtdicke

Bereits vor einigen Jahren hatten Aisenberg und Chabot [56] Schichten dieses „diamantähnlichen Kohlenstoffs" durch Kondensation von Kohlenstoffionen erhalten, die in einer speziellen Ionenquelle aus einer zwischen Graphitelektroden betriebenen Gasentladung mit Argon als Restgas abgesaugt wurden. Bei Energien von etwa 40 eV wurde das Auftreten einer harten und transparenten Kohlenstoffphase beobachtet. Später wurden diese Versuche von anderen Autoren nachgeahmt und bestätigt [57, 58]. In unserem Bereich konnten wir derartige Schichten mit Hilfe der in Abb. 17 dargestellten Zweistrahlmethodik erhalten. Dazu wurde ein

Graphittarget mit Argonionen zerstäubt, und die sich bildende Schicht wurde aus einer zweiten Ionenquelle mit einem intensiven Ar^+-Ionenbündel von 680 eV beschossen.

Schließlich zeigten verschiedene Autoren [59, 60], daß auch durch Absaugen von Molekül- bzw. Fragmentionen aus einer in Kohlenwasserstoffdämpfen betriebenen Gasentladung ähnliche Kohlenstoffschichten erhalten werden können. Im Vergleich mit all diesen Verfahren zeichnet sich die in Abb. 21 veranschaulichte Herstellung durch Ionenplattieren aus Benzoldampf bei relativ geringen Drücken jedoch durch eine hohe Produktivität bei geringerem Aufwand aus. Ausführliche Untersuchungen zur Morphologie und Struktur dieser Schichten [55] führten zu dem Ergebnis, daß es sich um eine neuartige Kohlenstoffphase mit äußerst feinkristallinem Aufbau handelt. Mit Hilfe hochauflösender Elektronenmikroskopie wurden kohärent streuende Bereiche nachgewiesen, deren Durchmesser max. 8 nm beträgt. In Dunkelfeldaufnahmen konnten diese Mikrokriställchen gleichfalls sichtbar gemacht werden. Elektronenbeugungsdiagramme zeigten diffuse Ringstrukturen, aus denen die Intensitätskurven in Abhängigkeit des Streuparameters ermittelt wurden (Abb. 22).

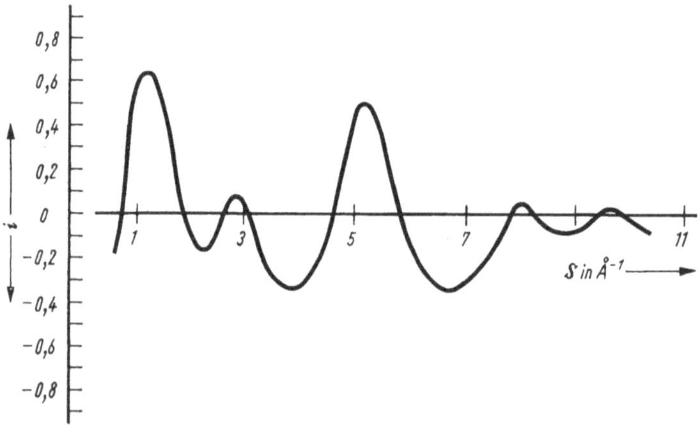

Abb. 22 Gemessene Intensitätsfunktion i(s) als Funktion des Streuparameters nach Auswertung von Elektronenbeugungsaufnahmen an harten Kohlenstoffschichten

Vergleichende Berechnungen ergaben, daß die hier auftretenden Maxima nicht mit den bekannten Kohlenstoffphasen verträglich sind. Eine annähernde Wiedergabe des Verlaufs konnte jedoch durch Überlagerung der zu erwartenden Intensitätsfunktionen folgender 3 Anteile erzielt werden:

1. Kohlenstoffklümpchen von je etwa 40 Atomen mit einer Struktur, die der hexagonalen Diamantphase entspricht;
2. Einzelne Kohlenstofftetraeder;
3. Graphitebenen mit einem im Vergleich zum Graphitgitter beträchtlich aufgeweitetem Abstand.

Demnach könnte man sich den Aufbau dieser ungewöhnlichen Kohlenstoffschichten so vorstellen, daß durch die lokalen Schockwellen beim Aufprall der Ionen in sehr kleinen Bereichen hexagonale Keime erzeugt werden. Diese Keime sind offenbar durch sehr feste Bindungen untereinander verbunden, die sich näherungsweise durch eine Überlagerung der Kohlenstofftetraeder- und der Graphitebenen-Struktur beschreiben lassen. Natürlich ist dieses Modell nur als eine Näherung zu werten, und es bedarf weiterführender Untersuchungen mit verschiedenartigen Methoden, um das Wesen dieser ungewöhnlichen Kohlenstoffschichten zu erforschen.

Beispielsweise haben Untersuchungen der Elektronenverlustspektren [61] gezeigt, daß die Plasmonenergien nicht etwa im Bereich zwischen den für amorphen Kohlenstoff und Diamant gefundenen Werten liegen, sondern kleiner sind als bei amorphem Kohlenstoff. Andererseits belegten differentielle Härtemessungen [62], daß die Schichten hinsichtlich ihrer Härte über den Werten von TiC-Schichten liegen und zugleich eine wesentlich höhere elastische Rückverformung zeigen.

Bereits jetzt kann eingeschätzt werden, daß der harte und transparente Kohlenstoff interessante Anwendungsmöglichkeiten sowohl für die Oberflächenhärtung und den Korrosionsschutz als auch in der Mikro- und Optoelektronik als optisches Schichtmaterial und als Isolator eröffnet.

Nähere Untersuchungen zeigten, daß die Eigenschaften der Kohlenstoffschichten stark von den Herstellungsbedingungen abhängen. Während Schichten, die bei mittleren Ionenenergien von einigen hundert eV abgeschieden worden sind, große Härte und Transparenz aufweisen, erhält man bei Energien von 1 bis 3 keV dunklere Filme, die halbleitende Eigenschaften zeigen. Wir schlagen vor, für den mit Ionenverfahren abgeschiedenen Kohlenstoff die Bezeichnung i-Kohlenstoff (i-C) zu verwenden.

Die zuletzt dargelegten Ergebnisse neuerer Arbeiten deuten darauf hin, daß die gezielte Ausnutzung der Aktivierungseffekte bei der Wechselwirkung zwischen Ionen und Festkörpern interessante Möglichkeiten zur Synthese von Schichtphasen mit ungewöhnlichen Eigenschaften bietet. Es ist damit zu rechnen, daß künftig auch von anderen Materialien, wie etwa Bornitrid, unter Nutzung der Ionenstoßaktivierung ungewöhnliche Schichtphasen hergestellt werden können.

Abschließend ist es mir ein Bedürfnis, meinen Mitarbeitern im Lehrbereich Struktur der Materie der Sektion Physik/Elektronische Bauelemente der Technischen Hochschule Karl-Marx-Stadt herzlich dafür zu danken, daß sie durch ihre umfangreichen experimentellen Untersuchungen die in dieser Arbeit vorgelegten neuen Ergebnisse zusammengetragen haben.

Herrn Dipl.-Physiker H. Giegengack danke ich für die Unterstützung bei der Anfertigung der Bildvorlagen und Tabellen.

Literaturverzeichnis

[1] W. Plücker, Ann. d. Physik, 105 (1858) 67.
[2] A. Kundt, Ann. d. Physik, 27 (1886) 59.
[3] U. A. Arifov, Wechselwirkung zwischen atomaren Teilchen und festen Oberflächen (in Russisch), Nauka, Moskau, 1968.
[4] M. Kaminsky, Atomic and Ionic Impact Phenomena on Metal Surfaces, Academic Press, New York, 1965.
[5] G. Carter und J. S. Colligon, Ion Bombardment of Solids, Heinemann Educat. Books, London, 1968.
[6] G. K. Wehner, J. Appl. Phys., 26 (1955) 1065.
[7] R. H. Silsbee, J. Appl. Phys., 28 (1957) 1246.
[8] G. K. Wehner, Proc. 6th Intern. Vacuum Congr., Kyoto 1974, in: Japan. J. Appl. Phys., Suppl. 2, Pt. 1 (1974) 495.
[9] L. G. Gurvich, Izv. Akad. Nauk, 26 (1962) 1418.
[10] C. Lehmann und G. Leibfried, Zeitschr. f. Physik, 172 (1963) 465.
[11] T. M. Buck, in: A. W. Czanderna (Hrsg.), Methods of Surface Analysis, Elsevier, Amsterdam, 1975.
[12] P. Sigmund, Phys. Rev., 184 (1969) 383.
[13] Y. E. Yurašova, A. A. Sysoev, G. A. Samsonow, V. M. Bukhanow, L. N. Nevzorova und L. B. Sheljakin, Radiation Effects, 20 (1973) 89.
[14] R. Shimizu, Proc. 7th Intern. Vac. Congr. & 3rd Intern. Conf. Solid Surfaces, Wien, 1977, S. 1417.
[15] Chr. Weissmantel, O. Fiedler, G. Reisse, H.-J. Erler, U. Scheit, M. Rost und J. Herberger, Proc. 6th Intern. Vacuum Congr. Kyoto 1974, in: Japan. J. Appl. Phys., Suppl. 2, Pt. 1 (1974) 509.
[16] O. Meyer, G. Linker und F. Käppeler (Hrsg.), Ion Beam Surface Layer Analysis, 2 Bde, Plenum Publ. Corp., New York, 1976.
[17] H. W. Werner, Proc. 7th Intern. Vac. Congr. & 3rd Intern. Conf. Solid Surfaces, Wien, 1977, S. 2135.
[18] A. Benninghoven und S. Storp, Z. Angew. Phys., 31 (1971) 31.
[19] G. Dearnaley, J. H. Freeman, R. S. Nelson und J. Stephen, Ion Implantation, North Holland Publ., Amsterdam, 1973.
[20] G. Dearnaley, Proc. 7th Intern. Vac. Congr. & 3rd Intern. Conf. Solid Surfaces, Wien, 1977, S. 1405.
[21] A. U. Seyboldt, Transact. Met. Soc. AIME, 245 (1969) 769.
[22] O. Meyer, in: J. Ziegler (Hrsg.), New uses of Ion Accelerators, Plenum Press, New York, 1975, S. 323.
[23] J. Winter (Hrsg.), Physique autour des Accélérateurs dans les Domaines autres que Nucléaires, DGRST/CNRS, Paris, 1976.
[24] G. E. Fischer und R. A. Mack, J. Vac. Sci. Technol., 2 (1965) 123.
[25] R. Calder, A. Grillot, F. Le Normand und A. Mathewson, Proc. 7th Intern. Vac. Congr. & 3rd Intern. Conf. Solid Surfaces, Wien, 1977, S. 231.
[26] S. Schiller, U. Heisig und G. Beister, in: Moderne physikalische Technologien, Physik. Ges. d. DDR, 1976, S. 25.
[27] J. A. Thornton, J. Vac. Sci. Technol., 11 (1974) 666.
[28] A. Shibata, persönliche Mitteilung, Tokyo 1974.

[29] J. Franks und A. M. Ghander, Vacuum, 24 (1974) 489.
[30] R. S. Dhariwal und R. K. Fitch, J. Mat. Sci., 12 (1977) 1225.
[31] J. P. Ducommun, M. Cantagrel und M. Moulin, J. Mat. Sci., 10 (1975) 52.
[32] S. Somekh, J. Vac. Sci. Technol., 13 (1976) 1003.
[33] R. S. Berg und G. J. Kominiak, J. Vac. Sci. Technol., 13 (1976) 403.
[34] Chr. Weissmantel, M. Rost, O. Fiedler, H.-J. Erler, H. Giegengack und J. Horn, Proc. 6th Intern. Vacuum Congr., Kyoto 1974, in: Japan. J. Appl. Phys., Suppl. 2, Pt. 1 (1974) 439.
[35] T. Moriuchi, X. Yamamoto, M. Ezoe, H. Tabata, K. Uemori, F. Shigeta, Y. Ohya, A. Tsumura und J. Nakai, Proc. 7th Intern. Vac. Congr. & 3rd Intern. Conf. Solid Surfaces, Wien, 1977, S. 1501.
[36] A. J. Weigand und B. A. Banks, J. Vac. Sci. Technol., 14 (1977) 326.
[37] E. G. Spencer und P. H. Schmidt, J. Appl. Phys., 43 (1972) 2956.
[38] A. M. Karger, Appl. Optics, 12 (1973) 451.
[39] K.-H. Wickleder, Techn. Hochschule Karl-Marx-Stadt, persönl. Mitteilung, 1978.
[40] O. Fiedler, G. Reisse, B. Schöneich und Chr. Weissmantel, Proc. 4th Intern. Vacuum Congr. Manchester 1968, S. 569.
[41] Chr. Weissmantel, Proc. 7th Intern. Vac. Congr. & 3rd Intern. Conf. Solid Surfaces, Wien, 1977, S. 1533.
[42] Chr. Weissmantel, Le Vide, 183 (1976) 107.
[43] R. N. Castellano, M. R. Notis und G. W. Simmons, in: J. Yarwood (Hrsg.), Vacuum and Thin Film Technology, Pergamon Press, Oxford, 1978, S. 109.
[44] G. Gautherin, P. Bouchier, C. Schwebel und P. Vapaille, Proc. 2ème Colloq. Intern. sur Pulverisation Cathodique, Nizza 1976, in: Le Vide, 182 (1976) 235 und 251.
[45] G. Gautherin, C. Schwebel und Chr. Weissmantel, Proc. 7th Intern. Vac. Congr. & 3rd Intern. Conf. Solid Surfaces, Wien, 1977, S. 1579.
[46] S. Schiller, U. Heisig und K. Goedicke, Thin Solid Films, 40 (1977) 327.
[47] D. B. Fraser und H. D. Cook, J. Vac. Sci. Technol., 14 (1977) 147.
[48] J. H. Freeman, W. Temple, D. Beanland und G. A. Gard, Nucl. Instr. Methods, 135 (1976) 1.
[49] J. Amano, P. Bryce und R. P. Lawson, J. Vac. Sci. Technol., 13 (1976) 591.
[50] K. Yagi, S. Tamura und T. Tokuyama, Japan. J. Appl. Phys., 16 (1977) 245.
[51] Y. Namba und T. Mori, J. Vac. Sci. Technol., 13 (1976) 693.
[52] Y. Murayama, J. Vac. Sci. Technol., 12 (1975) 876.
[53] T. Takagi, I. Yamada und A. Sasaki, J. Vac. Sci. Technol., 12 (1975) 1128.
[54] T. Takagi, I. Yamada und A. Sasaki, Proc. 7th Intern. Vac. Congr. & 3rd Intern. Conf. Solid Surfaces, Wien, 1977, S. 1915.
[55] K. Bewilogua, D. Dietrich, L. Pagel, Chr. Schürer und Chr. Weissmantel, Proc. ICSFS, Tokyo, 1978, S. B39, ebenfalls in: Surface Science (im Druck).
[56] S. Aisenberg und R. Chabot, J. Appl. Phys., 42 (1971) 2953.
[57] E. G. Spencer, Appl. Phys. Letters, 29 (1976) 118.
[58] G. Gautherin und Chr. Weissmantel, Thin Solid Films, 50 (1978) 135.
[59] D. S. Whitmell und R. Williamson, Thin Solid Films, 35 (1976) 255.
[60] S. M. Ojha und L. Holland, Proc. 7th Intern. Vac. Congr. & 3rd Intern. Conf. Solid Surfaces, Wien, 1977, S. 1667.
[61] K. Breuer, persönl. Mitteilung, Berlin, 1978.
[62] F. Fröhlich, P. Grau, H. Lehmann, persönl. Mitteilung, Halle, 1978.

FSC
www.fsc.org
MIX
Papier | Fördert
gute Waldnutzung
FSC® C083411

Zeitfracht Medien GmbH
Ferdinand-Jühlke-Straße 7
99095 Erfurt, Deutschland
produktsicherheit@kolibri360.de